U0570415

量力而行，睿智选择，人生会更精彩；懂得进退，适时放弃，成功会更容易。学会选择，懂得放弃，走好人生每一步棋。

XUEHUI XUANZE
DONGDE FANGQI

掌握选择的智慧　懂得放弃的真谛

学会选择
懂得放弃

宿春礼　编著

光明日报出版社

图书在版编目（CIP）数据

学会选择 懂得放弃 / 宿春礼编著 .—北京：光明日报出版社，2012.1
（2025.4 重印）

　　ISBN 978-7-5112-1889-6

　　Ⅰ . ①学… Ⅱ . ①宿… Ⅲ . ①成功心理－通俗读物 Ⅳ . ① B848.4-49

　　中国国家版本馆 CIP 数据核字 (2011) 第 225310 号

学会选择 懂得放弃

XUEHUI XUANZE DONGDE FANGQI

编　　著：宿春礼

责任编辑：李　娟　　　　　　　　　　责任校对：易　洲
封面设计：玥婷设计　　　　　　　　　责任印制：曹　净

出版发行：光明日报出版社
地　　址：北京市西城区永安路 106 号，100050
电　　话：010-63169890（咨询），010-63131930（邮购）
传　　真：010-63131930
网　　址：http://book.gmw.cn
E－mail：gmrbcbs@gmw.cn
法律顾问：北京市兰台律师事务所龚柳方律师

印　　刷：三河市嵩川印刷有限公司
装　　订：三河市嵩川印刷有限公司
本书如有破损、缺页、装订错误，请与本社联系调换，电话：010-63131930

开　　本：170mm×240mm
字　　数：200 千字　　　　　　　　　印　　张：15
版　　次：2012 年 1 月第 1 版　　　　印　　次：2025 年 4 月第 4 次印刷
书　　号：ISBN 978-7-5112-1889-6-02
定　　价：49.80 元

序　言

　　脚下的路有千条万条，但我们能够选择的只有一条。人生不售回程票，不管是荆棘小道，还是康庄大道，你选择了就没有回头路。人一生中，无论是在爱情、婚姻方面还是在工作、事业方面，无不需要做出选择，不同的选择导致命运的迥异，错误的选择会让人走尽弯路，辛苦一生却始终与成功无缘，甚者走入歧途，酿成人生悲剧；学会选择是审时度势、扬长避短，只有量力而行的睿智选择才会让人一帆风顺，到达理想的港湾，成就完美的人生。

　　人生的每次选择都只有一次机会，所以选择的同时也就意味着放弃，选择熊掌就要放弃鲜鱼，选择繁华就要放弃幽静，选择充实就要放弃悠闲。如果说选择是人生路上的航标，那么放弃就是人生的隧道。选择和放弃就像双胞胎兄弟一样如影随形。每个人都渴望获得，不愿失去，用心于选择，而忽略了放弃。有时候执着是一种负重和伤害，默默地付出，苦苦地等待，到头来却是镜中花、水中月，过分的固执，不懂放弃甚至就是愚蠢，因为它会让你背负沉重压力，长期被痛苦困扰，还失去更多更好的机会。选择需要勇气，放弃又何尝不需要胆识和魄力呢？

　　从呱呱落地到咿呀学语，再到后来的成家立业，我们每个人都经历了太多的选择，也经历了太多的放弃。选择是理性的取舍，是有所为有所不为。正确选择了，才能正确做事，才不会多走弯路或走入迷途。看似艰难的取舍，却可以改变我们的命运。在选择的同时，我们是否有勇气放弃那些原本不属于自己的东西呢？放弃是一种跨越，不吐故无法纳新。该

1

放弃时就放弃，放弃不能承受之重，放弃心灵桎梏，懂得放弃让你避免许多挫折和烦恼，生活更顺利。果断选择，让我们抓住生命中最重要的东西，让我们在人生的每一个十字路口上都能走好属于自己的那条路；而勇敢放弃，则让我们甩掉那些困扰生活的包袱和诱惑，轻装上阵，阔步前行。当你做到善于选择、懂得放弃，做到简单从容、挥洒自如的时候，你生命的低谷就已经过去。

　　本书对选择和放弃的内涵、原则和方法做了全面而深刻的诠释，帮助常常遭遇生活困境的人们掌握这门生存哲学，在纷繁复杂的社会现实中保持清醒的头脑，更直观、更理性地认识自己，认识社会，让你在漫长的人生旅程中正确选择，适时放弃，走好人生每一步棋，把握好自己的命运，早日实现成功。

　　红橙黄绿蓝靛紫，七种颜色，各色不同；喜怒哀惧爱恶欲，七种感情，品之不尽。复杂的人生需要我们小心谨慎地对待每一步。学会选择，懂得放弃，你会避免很多弯路，避开很多荆棘，从而走向更加海阔天空的人生境界！

目　录

第一章　选择是人生的必修课

　　人生所走的每一步都是在选择中完成的。一个又一个的选择叠加成了命运，选择的不同导致了命运的迥异。错误的选择会让你前功尽弃，正确的选择才会使努力获得回报，所以我们一定要学会正确选择！

人生即是选择……………………………………………………… 2

看清"气候"再决断………………………………………………… 4

大胆地选择…………………………………………………………… 5

选择强者做对手……………………………………………………… 6

有所为有所不为……………………………………………………… 7

改变自己的生活方式………………………………………………… 9

将欲取之，必先予之………………………………………………… 11

自己给自己铺路……………………………………………………… 12

把握今天……………………………………………………………… 13

第二章　懂得放弃才能成就人生

　　放弃也是一种选择，更是一种睿智。明智的放弃胜过盲目的执着，它驱散了乌云，清扫了心房；它让你不盲从、不迷失、不狭隘。当你能够睿智而坦然地放弃的时候，你的生命就得到了升华，你的人生就得到了跨越！

人生没有回头路……………………………………………… 16

放弃也是一种智慧…………………………………………… 17

舍小利，成大德……………………………………………… 18

下山的也是英雄……………………………………………… 19

进得来也要出得去…………………………………………… 21

放下才能解决………………………………………………… 23

丢弃旧我，接纳新我………………………………………… 24

舍得放弃优势………………………………………………… 25

放开他并不等于失去他……………………………………… 26

不要跟对手硬拼……………………………………………… 27

第三章　适合的才是最好的

世事如棋，需要选择和放弃的太多，关键是明白选择什么，放弃什么。衡量的天平不是高，不是大，不是全，不是美，而是适合。合脚的鞋才能让你健步如飞，合心的生活才能让你幸福一生！

适合的才是最好的…………………………………………… 30

选择自己的生活……………………………………………… 31

最好的活法…………………………………………………… 32

不完美也幸福………………………………………………… 33

失去才知珍贵………………………………………………… 35

总有适合你的路……………………………………………… 36

只和自己比…………………………………………………… 37

给爱一条生路………………………………………………… 39

眼前的更重要································40

知己知彼不容易··························41

敢于不如人······························43

重要的是颗心····························44

把握人生的平衡··························45

第四章　扫除生命的尘埃，方能认清事物真相

选择和放弃本身就是一个自我扬弃的过程。要敢于剔掉自身的缺点和不足，拭去浮在生命中的尘埃，这样的人生才能凸现生命的质感，彰显青春的本色！

摆脱心中的绳结··························48

挣脱痛苦的锁链··························49

忧虑如沼泽······························50

远离恐惧································53

处理了心情才能处理事情··················55

不为内疚所控制··························56

控制好自己的欲望························57

拆除冷漠的心墙··························59

甩掉你的坏习惯··························60

第五章　首先认清自己

一切抉择都要从自身实际出发。尼采曾经说过："聪明的人只要能认识自己，便什么也不会失去。"正确认识自己才能信心百倍，精神抖擞；

正确认识自己才能选你所选,爱你所爱,不至于让人生的航船迷失方向!

正确认识自己···64

认清生命的价值···65

活着不为给别人看···66

过则勿惮改···68

保持自己的特质···69

管好另一面···71

做真实的自我···72

时刻都自省···73

好好爱自己···76

深层次地挖掘思想···77

缺点不是障碍···78

突破自我···79

第六章　选对池塘钓大鱼

人生就是一次奇异的探险,在征途中,我们会遇到一个个充满诱惑的"魔洞"。我们不能惊慌,不能迷惑,更不能贪婪,唯有在心头点燃一根火柴,点亮人生的希望,并义无反顾地坚持下去,才能找到属于自己的那方乐土。

找准人生的坐标···82

生命不让别人设定···84

看清方向再努力···85

发挥长处···86

选好人生路···88

确定对的就勇往直前···89

不同的人有不同的路 ·· 91

人生需要设计 ·· 92

点亮人生的希望 ·· 94

条条大路通罗马 ·· 95

第七章　选好了就去做

　　任何一个明智的选择，一项伟大的计划，最终都必须落实到行动上。一百次心动不如一次行动。行动才是改变自我、拯救自我的标志。人生无常，明天无法预测；人生苦短，今天却能把握。把握好今天，早一步行动，就早一步获得成功的主动权。

选择积极的生活动力 ·· 98

先想一个好结果 ·· 99

想好了就去做 ··· 101

重要的是执行 ··· 102

把小事做好 ··· 104

绝不拖延 ··· 105

给自己开个优先表 ·· 107

脚踏实地是最好的选择 ·· 109

借力而行 ··· 110

挫折面前忍一忍 ·· 111

成功也会成为包袱 ·· 113

击好下一个球 ··· 114

无限的潜力 ··· 115

人生需要冒险 ··· 116

第八章　每个人都有过机遇

选择和放弃的目的都是为了给自己一个更好的机会。很多人都抱怨生活中缺少机会。实际上，他们缺少的不是机会，而是发现机会的眼睛。抛弃抱怨，然后脚踏实地地去做，你就会发现处处都是机会。

机遇是金……………………………………………………120

把握机遇是一种大智慧……………………………………120

别让丢弃机会成为习惯……………………………………122

大胆秀自己…………………………………………………123

站得高才能望得远…………………………………………124

钻石就在脚下………………………………………………125

等待不如创造………………………………………………127

机会藏在琐事中……………………………………………128

失败也是一次机会…………………………………………130

挣脱"自我设限"……………………………………………131

第九章　做人做事，先舍后得

在选择与放弃中，得不到往往是因为想不到，而这一切往往根源于我们不自觉地被那些僵化、固定的思维所束缚。思想的高度决定行动的力度，如果你的某些行为方式是必须放弃的，那肯定是你的某些思维方式。

做人做事，刚柔并济………………………………………134

以德服人……………………………………………………135

把微笑挂在脸上…………………………………………… 136

欣赏对手……………………………………………………… 138

友善比强硬更有力量……………………………………… 139

防人之心不可无…………………………………………… 141

无为做人胜有为…………………………………………… 142

方法比努力更重要………………………………………… 143

知识不等于智慧…………………………………………… 145

坚持不盲从………………………………………………… 146

多做事，少抱怨…………………………………………… 147

欲速则不达………………………………………………… 150

会干更会说………………………………………………… 151

第十章　换个视角看人生

人生的格局也许难以改变，但怎么看却由你来决定。"横看成岭侧成峰，远近高低各不同。"换个视角看风景，风景便有不一样的风采；换个视角看人生，人生也会有不同发现。

换个角度看人生…………………………………………… 154

不受偏激观念左右………………………………………… 155

另眼看美丑………………………………………………… 156

成功由"错误"堆积………………………………………… 158

能吃苦也是一种资本……………………………………… 159

把嘲笑当动力……………………………………………… 160

劣势也能变优势…………………………………………… 161

压力向下，动力向上……………………………………… 163

经验比理论更重要………………………………………… 164

人人都是老师 ·· 166

为别人喝彩 ··· 167

以退为进 ··· 168

真爱其实很简单 ·· 169

第十一章　拿得起，放得下

生活不会永远一帆风顺，正因为如此，我们的生活才有滋有味，绚丽多彩。在跌宕起伏中保持一颗平常心很重要，不以物喜，不以己悲，宠辱不惊，去留无意，在平淡中给自己一分力量，在喧闹中给自己一份宁静。

拿得起，还要放得下 ··· 172

接受不可避免的现实 ··· 173

笑看输赢得失 ·· 174

羡慕不如珍惜 ·· 176

错过有时是圆满 ··· 177

且咽一口气 ··· 179

此路不通绕个圈 ··· 180

没有什么不能承受 ·· 182

知足常乐，终身不辱 ··· 183

失意不忘形 ··· 184

生命在，希望就在 ·· 185

坚忍活出精彩 ·· 187

笑看天下几多愁 ··· 188

善待失败，善待人生 ··· 189

第十二章　心宽才能天下阔

人如果没有宽广的胸怀，就无法成就辉煌的事业。宽容不是胆怯，不是妥协，它和放弃一样，是另一种明智和勇敢。拥有宽广的胸怀，对他人宽容，对自己宽容才能高瞻远瞩，才能赢得更为广阔的天地。

宽以待人 …………………………………………………… 192

面对嘲笑有雅量 …………………………………………… 193

理解是座舒心桥 …………………………………………… 194

替别人承担误解 …………………………………………… 196

没有必要去追究 …………………………………………… 197

能忍者自安 ………………………………………………… 198

冷静面对中伤 ……………………………………………… 199

谁是谁非不重要 …………………………………………… 201

懂得谦让 …………………………………………………… 202

与人为善 …………………………………………………… 203

袒露真诚的心灵 …………………………………………… 205

宁静在心 …………………………………………………… 206

生活需要从容 ……………………………………………… 207

第十三章　活出人生真境界

生命是有限的，而精彩是无限的。当我们为生活所役，为抉择所累的时候，应该想想自己有没有用心去感受生活。不要忽视生活中的点点滴滴，不要被生活的表面现象所迷惑。用心生活，你就会发现人生之绚美。

在行走中顿悟 …………………………………… 210

给予的快乐 …………………………………… 211

掌握生活的节奏 …………………………………… 213

人生之乐在平易 …………………………………… 214

顿悟就是一个新的开始 …………………………………… 216

因为有你而精彩 …………………………………… 217

散文人生 …………………………………… 218

用孩子的眼光看世界 …………………………………… 219

生活不能没有幽默 …………………………………… 220

幸福就在身边 …………………………………… 221

亲近自然 …………………………………… 223

第一章

选择是人生的必修课

人生所走的每一步都是在选择中完成的。一个又一个的选择叠加成了命运，选择的不同导致了命运的迥异。错误的选择会让你前功尽弃，正确的选择才会使努力获得回报，所以我们一定要学会正确选择！

人生即是选择

人只要在追求，他就在选择。

人生有无限多个解。人生是不能被理性穷尽的一个无理数。每个人因为站在不同角度去看它、体验它，所以从中得出的有关人生的定义，也各有殊异。

但有一点是共同的——人生即是选择。

一位作者曾写过这样一篇文章：记得小时候，农村水果十分稀缺，经常和生产队里年龄相仿的小朋友，三个一群五个一组地爬树摘野山栗、紫桑葚之类，以解口头之馋。而每次爬树的时候，都会出现相似的情况：开始大家都从一棵大树底下往上爬，可越往上爬，树的分杈越多，各人为了多采点果实，便选择了不同树枝。结果起点完全相同的小朋友们，各自爬到了不同的方向和高度上，有的站在又高又稳的主干枝头上，有的蹲伏在摇摆不定的侧枝上，还有的停留在树杈间……下来的时候，有的满载而归，有的略有所获，还有的空手而回。

现在想来，小时候的爬树，与人生的历程又是何其相似？生活中我们经常不知不觉地走到"十字"甚至"米"字路口，让你去选择，而正是这一次次的选择决定了我们今天的社会位置和人生状况。

人生似一条曲线，起点和终点是无可选择的，而起点和终点之间充满着无数个选择的机会。

在人生的旅途上，你必须做出这样的抉择：你是任凭别人摆布还是坚定自强，是总要别人推着你走，还是驾驭自己的命运，独当一面。

不少人的生活就像秋风卷起的落叶，漫无目标地飘荡，最后停在某处，干枯、腐烂。

为了促进个人的成长，达到个人的幸福，你必须学会驾驭生活。你必须自己选择服装、选择朋友、选择工作和奋斗目标。

很多人都会处于何去何从、前途未卜的十字路口，这是人生决定性的时刻。决定性的选择需要果断和勇气。这果断和勇气，有猜测和赌博的成分，但更多的来自知识和智慧的判断。

人人都会面临各种各样的危机，如信仰危机、事业危机、感情危机，等等。在危机当中，正确的选择和变动，会使我们积累起一种新的力量，重新面对世界。

在每个人的身上，都有一种十分强大的力量潜藏于体内，如果你无法发现它，它就永远处于冬眠状态，在人生的路途中你将无法发挥自身的创造力，更无法实现你的人生追求与梦想。

虽然选择的权利在你的手中，但许许多多的人并没有使用这一权利。也许这就是成千上万的人活得碌碌无为的最为直接的原因。

拿破仑选择了当时法国大革命以展示其军事指挥才干，才由一个科西嘉小子成为一代伟大的统帅；比尔·盖茨因为选择了开辟个人电脑时代，才由一名仅上过一年哈佛的准大学生成为世界首富；毛泽东因为选择了为中国人民解放而斗争的伟大事业，才从一位中学教员成为伟大的革命导师。

不是有才能就一定能成功，世界上许多有才干的人并不是成功人士。这是因为他们没有选对发挥自己才干的舞台。

如果你想实现自己的人生价值，千万别忘了选择，因为只有选择才会给你的生命不断注入激情；也只有选择才能使你拥有把握自己命运的伟大的力量；也只有选择才能把你人生的美好梦想变成辉煌的现实。

看清"气候"再决断

一个人很难有足够的预知能力来决定命运，你无法预知未来是朝哪个方向发展。但也并不是说，我们只能被动地随波逐流，任凭命运摆布。我们可以睁大眼睛看清时势，再做出有利自身的选择。既然环境不容易改变，不如先改变我们自己：看清周围的"气候"，然后灵活应对，只有这样才能明辨是非，趋利避害。

一般说来，社会"气候"是很难改变的。这种"大气候"一旦形成，通常几年、几十年乃至上百年都不会有太大的变化。一个人在这种社会气候中只能接受，而不会有太大的改动余地。不接受对你没有什么好处，如屈原，感叹自己生不逢时，"举世混浊而我独清，世人皆醉而我独醒"，可结果呢，却不为世道所容，怀石沉江。

"大气候"不易改变，"小气候"总是还有让人发挥的余地的。一个人在家庭、职场的活动中，只要努力追求，总是会有很大的空间。

分清自己所处的"大气候"和"小气候"，明白自己的位置，清楚活动的空间，辨别生活的利害，采取适当的手段，对于一个人来说，并不是很难的事情。

韩信，淮阴人，少时"贫无行"，不会谋生，"常寄食于人，人多厌之者"。曾有一恶少年侮辱他，让他钻裤裆，韩信就钻了，"市人皆笑（韩）信，以为怯（懦）"。但"其志与众异"，他是位"忍小愤而就大谋"的"盖世之才"。

韩信在拜将之前，就向刘邦提出"以天下城邑封功臣,何所不服"的建议，表明他胸怀大志，意在封王，他不懂得分封制度在当时已不合历史潮流。

韩信出身贫民，却满脑子分封思想。刘邦虽然曾"自以为得（韩）信晚"而任他为大将，但刘邦始终没有像相信萧何、张良那样把韩信作为心腹对待，因为韩信总热衷占据一方，封王封土，怎么能让刘邦放心呢？

刘邦坐稳了江山之后，看到韩信握有重权，并且深得军心，不由得十分担忧。他宴请群臣，面对臣下的恭贺，也忧心忡忡。张良察言观色，明白了是刘邦害怕功高之人今后难以控制，就私下对韩信说："你是否记得勾践杀文种的故事？自古以来，只可与君主共患难，而不可与其同享富贵。前车之鉴，后事之师啊！我们要好自为之。"

韩信尽管认为张良的话有道理，但他对刘邦还是抱有幻想，他认为是自己帮助刘邦成就了帝业，刘邦怎么会忘恩负义呢？可是不久，便有奸佞之臣诬告韩信恃功自傲，不把皇帝放在眼里。刘邦更是不满于韩信的所作所为，不久，就设计解除了韩信的兵权。后来，韩信为吕后所拘杀。

韩信错就错在不看清"气候"、不识时务而做出了错误选择，即使才略满腹最终也成为一个悲剧人物。人处在一个复杂的社会里，人际关系错综复杂，世事诡变难以预料，只有顺应时势，伺机而动，才能在社会上立足扎根。

大胆地选择

20世纪初，有个爱尔兰家庭想移民美洲。他们非常穷困，于是辛苦工作，省吃俭用三年多，终于存够钱买了去美洲的船票。当他们被带到甲板下睡觉的地方时，全家人以为整个旅程中他们都得待在甲板下，而他们也确实这么做了，仅吃着自己带上船的少量面包和饼干充饥。

一天又一天，他们以充满嫉妒的眼光看着头等舱的旅客在甲板上吃着奢华的大餐。最后，当船快要停靠爱丽丝岛的时候，这家其中一个小孩生病了。做父亲地找到服务人员说："先生，求求你，能不能赏我一些剩菜剩饭，好给我的小孩吃？"

服务人员回答："为什么这么问？这些餐点你们也可以吃啊。"

"是吗？"这人说，"你的意思是说，整个航程里我们都可以吃得很好？"

"当然！"服务人员以惊讶的口吻说，"在整个航程里，这些餐点也供应给你和你的家人，你的船票只是决定你睡觉的地方，并没有决定你的用餐地点。"

很多人也有相同的情况，他们以为他们"被带去看"的地方就是他们一辈子必须待的地方，他们不明白，他们可以和其他人一样，享受许多同样的权利。成功是要寻访、要共享、要想办法接近的。

过去的已经过去，现在你正在为灿烂的明天打基础。正如一位哲人所说："无论你身处何境都要有自己的选择。"只有大胆的选择才能将你从贫困带到富裕，从逆境带到顺境，从失败带到成功。

选择强者做对手

1996年世界爱鸟日这一天，芬兰维多利亚国家公园应广大市民的要求，放飞了一只在笼子里关了4年的秃鹰。事过三日，当那些爱鸟者们还在对自己的善举津津乐道时，一位游客在距公园不远处的一片小树林里发现了这只秃鹰的尸体。解剖发现，秃鹰死于饥饿。

秃鹰本来是一种十分凶悍的鸟，甚至可与美洲豹争食。然而它由于在笼子里关得太久，远离天敌，结果失去了生存能力。

无独有偶。一位动物学家在观察生活于非洲奥兰治河两岸的动物时，注意到河东岸和河西岸的羚羊大不一样，河东岸羚羊奔跑的速度比河西岸羚羊每分钟要快 13 米。

他感到十分奇怪，既然环境和食物都相同，何以差别如此之大？为了解开其中之谜，动物学家和当地动物保护协会进行了一项实验：在两岸分别捉 10 只羚羊送到对岸生活。结果送到西岸的羚羊发展到 14 只，而送到东岸的羚羊只剩下了 3 只，另外 7 只被狼吃掉了。

谜底终于揭开了，原来东岸的羚羊之所以身体强健，只因为它们附近居住着一个狼群，这使羚羊天天处在"竞争氛围"中。为了生存下去，它们变得越来越有"战斗力"。而西岸的羚羊身体较弱，奔跑也不快，恰恰就是因为缺少天敌，没有生存压力。

上述现象对我们不无启迪，生活中出现一个对手、一些压力或一些磨难并不是坏事。一份研究资料说，一年中不患一次感冒的人，得癌症的概率是经常患感冒者的 6 倍。至于俗语"蚌病生珠"，则更说明问题。一粒沙子嵌入蚌的体内后，蚌将分泌出一种物质来疗伤，时间长了，便会逐渐形成一颗晶莹的珍珠。

什么样的对手将造就什么样的自己。

生活中有各种各样的笼子，不少人的处境和那只笼子里的秃鹰差不多。虽然它能让人乐而忘忧、流连忘返，但毕竟是笼子。可以设想，最后的结局和那只秃鹰没有什么两样，所以一定要选择一个强者做对手。

有所为有所不为

"有所为有所不为"，这是中国的一句哲理名言，"有所为"是主动选择，"有所不为"是敢于放弃。一个人能力再强，精力再多，也不可能无所不为，什么都想做只能是什么也做不好，选好自己应该做的才是最关键的。

譬如，世间上行业千千万万，哪行做好了都能赚钱。每天都有企业垮台、破产，每天同样也有新的企业诞生。经营任何一种行业的商人，都应熟悉自己的主业，把它研究深、研究透，方能成为该行业的老大。

作为一个成熟的商人，你要学会放弃，那些你不熟悉的行业，千万不要轻易进入。别人在赚钱，不要眼红心动，否则，今天的投资，意味着明天的垮台！

商人们千万不要有了点钱，就认为什么生意都可做，什么行业的钱都想赚！

作为领导也是这样，有些领导喜欢揽权，大事小事都要亲力亲为，结果人累得够呛，事情也没办好。

艾森豪威尔在他的《远征欧陆》一书中，说马歇尔"轻视那些事必躬亲的人，他认为那些埋头于琐细小事的人，没有能力处理战争中更重要的问题"。他讲美国的军事原则是："为战区司令官指定一项任务，给他提供一定数量的兵力，在他执行计划的过程中，尽可能少加干涉。"如果他的战果不能令人满意，"那么，正当的办法不是对他进行劝说、警告和折磨，而是用另一个司令官替代他"。

艾森豪威尔在这里讲的"琐细小事"和"尽可能少加干涉"的内容都是有所不为的范畴。战区司令官对那些琐细小事有所不为，是为了集中精力研究整个战区的大事，要在全局上有所为；更高一级的统帅对战区的事情少加干涉，也正是要研究更大的战略问题，在更高的层次、更广泛的意义上有所为。因此，不妨说有所不为才能有所为。

很多人都梦想能拥有一份好工作，这份工作最好是能带来财富、名声、权势和地位，为人称羡。但事实上，在激烈的市场竞争中，已经没有哪一种工作是真正的热门行业，无论何种工作，都无法提供完全的保障。那么如何以不变应万变，取得一份较为实际，同时又富含理想色彩的工作呢？以下建议，您不妨一试：

首先，放长线钓大鱼。没有哪份职业是永远的热门。选择行业要充分考虑自己的兴趣、能力、就业磨合期以及这一职业的未来前景。

其次，以智能求生存。你需要不断充电，不仅要做个"专才"，更要做复合型人才。

再次，个人主导生活，选择有丰厚收入的工作原本无可厚非，但不能放弃其他的追求，如自由时间、健康和幸福的家庭等。一份相对自由、能充分发挥个人才智的工作将更受人的青睐。

有所为有所不为，有利于集中力量，把宝贵的有限的资源用在最急需的地方，争获最佳的效益；有利于集中人力、物力、财力办更大更重要的事情。

有所为有所不为需要胸有全局，高瞻远瞩。心中无数、虚浮懒散的人做不好有所为有所不为。胸有全局就能分清轻重缓急，做出正确取舍，科学规划，科学设计。高瞻远瞩是考虑得长远，并能以高度的责任感和使命感对待自己的选择。显然，短期行为、急功近利与此格格不入。

有所为有所不为需要有自觉的意识调动一切积极因素，解放智慧。如果无所不管、思想僵化，局面不会是改观的。

改变自己的生活方式

你的成功与否决定于你所选择的生活方式。

有这样一个故事，一位知名记者正在进行一次采访，被采访者是一个贫困山区的小羊倌。

"你放羊干什么？"

"攒钱。"

"攒钱干什么。"

"娶媳妇。"

"娶媳妇干什么？"

"生娃。"

"生娃干什么。"

"放羊。"

羊倌的想法真是令人悲哀。羊倌的可悲不在于他的穷困，不在于他从事的职业，更不在于他攒钱的方式，而在他正陷入一种麻木的生存状况之中而不觉。

一位三十出头的女子，是一家皮尔·卡丹专卖店的老板。她来自贫穷的山区，大学毕业后放弃了回家乡工作的机会，毅然留在省城，当过记者，摆过地摊，开过服装店。一次偶然的机会，认识了一位皮尔·卡丹代理商，信心百倍的她东挪西借筹款，在省城闹市区租个门面撑起了一个专卖店。创业之初，她吃住在店里，为了付那里昂贵的租金，她有时一顿饭用一块大馍充饥。热情周到的服务终于让专卖店里有了络绎不绝的顾客，生意红火了，她没下过一次饭店，未买过时尚衣服，仍过着节俭的生活，渐渐地，她口袋里的钱像滚雪球一样一天天多起来。一年前，她把左右邻店兼并过来，同时还招聘了6名员工。已成款姐的她不无真诚地说："都市里到处都能掘到黄金，关键是你要选择好自己的生活方式，如果你觉得自己现在命运不济，那你就应当改变一下目前的生活方式，而不应当整日只知道哀叹命运不济。"

其实，只要细心地观察一下四周，你就会发现：在都市的每个角落，确实生活着很多精力旺盛的乡下人，在高高的脚手架上、在酒店、在商场、在快餐店、在书摊……他们从事着或复杂或简单的工作，以乡下人的勤劳与质朴，以乡下人顽强的生存能力，挤进了钢筋水泥混凝土构筑的城堡，开拓一块哪怕是极小的天地，并且有滋有味地活着；而那些一生下来就有了城市户口的城里人，在失去了铁饭碗之后，却连一条求生存的路也找不到。比起进军都市的乡下人，一些城里人已经输了，并且输得很惨。

即使我们拥有骄人的文凭、城市的户口、住房，面对下岗或分流，我们唯有不断拓展生存空间，谋求适合自己的发展方式，不断地刷新自己，创新未来，才有可能处变不惊，才可以在繁华褪尽后重新镀亮人生。

一个人有无前途，不取决于拥有多少财富，而是取决于其是否具有发展观念。当你正津津乐道于已经拥有车子、房子、票子的时候，千万别忘了，你也许还是一个羊倌！

将欲取之，必先予之

春秋战国时候，魏国的信陵君为人忠厚仁义、善于成人之美。他的门客达到 3000 多人。其中有一位叫侯生的门客，本是屠户出身，才貌平庸，受到其他门客及家人的嘲弄与鄙视，而信陵君以士之礼待之，一视同仁，毫无嫌弃和厌恶之感。相反，还能尊重他的意见，满足他的要求。公元前248 年，秦国围攻赵国都城邯郸，赵王数次遣使向魏求救。魏王怕引火烧身而不敢发兵，但是在各国一片合纵抗秦的呼声下，他只好派大将晋鄙率领 10 万人象征性地救援，虽大造声势，实则驻军于邺下，停滞不前。

信陵君多次请求魏王催促晋鄙进兵，魏王不听。他一怒之下，带领自己的一千多门客准备与秦军决一死战。临别找侯生，侯生却一反常态，对信陵君赴汤蹈火无动于衷。一怒之下，公子行出数里。可是越想越不对劲，于是就想回头问个明白。原来侯生使的是欲扬先抑之计，他故作冷淡，使信陵君诧异，然后再提出自己的意见。侯生指出这样行动无异于以卵击石，与其铤而走险，不如偷来兵符，操纵军队。最后在好友朱亥的帮助下，终于盗得了兵符并取得了晋鄙的兵权。信陵君传令全军："父子俱在军中者，父归；兄弟俱在军中者，兄归；独子无兄弟者，回家赡养父母；有疾病者，留下治疗。"这一成人之美的命令深得人心，最后集合得 8 万精兵，加上千余门客，个个斗志昂扬，最后大败秦军。

从这里我们可以看到信陵君的成功并非偶然，他的仁义为人，成人之美的大度使他在遇到困难时，很多人都愿意帮助他，甚至为他拼死卖命。其中的道理，非庸人能知也。

从以上历史故事中我们得到启迪：要想获得，必须先给予，为了让别人归心于自己，首先要做到成人之美。成人之美，胜造七级浮屠。给予别人，就是给予自己。

自己给自己铺路

天才之路都是自己铺成的，这条路上有天才自己的一颗爱心。

在里约热内卢的一个贫民窟里，有一个男孩，他非常喜欢踢足球，可是家里穷，买不起足球，于是就踢塑料盒，踢汽水瓶，踢从垃圾箱拣来的椰子壳。他在巷口里踢，在能找到的任何一片空地上踢。

有一天，当他在一个干涸的水塘里踢一只猪膀胱时，被一位足球教练看见了，他发现这男孩踢得很是那么回事，就主动提出送给他一只足球。小男孩得到足球后踢得更卖劲了，不久，他就能准确地把球踢进远处的随意摆放的一只水桶里。

圣诞节到了，男孩的妈妈说："我们没有钱买圣诞礼物送给我们的恩人，就让我们为我们的恩人祈祷吧。"

小男孩跟妈妈祷告完毕，向妈妈要了一只铲子跑了出去，他来到教练住的别墅前的花圃里，开始挖坑。

就在他快挖好的时候，教练从别墅里走出来，问小男孩在干什么。小男孩抬起满是汗珠的脸蛋，说："教练，圣诞节到了，我没有礼物送给您，我愿给您的圣诞树挖一个树坑。"

教练把小男孩从树坑里拉上来，说："我今天得到了世界上最好的礼物。明天你到我训练场去吧。"

3 年后，这位 17 岁的男孩在第六届世界杯足球赛上独进 6 球，为巴西第一次捧回金杯，一个原来不为世人所知的名字——贝利，随之传遍世界。

路是人走出来的，而要想走得好一点，你就要为自己铺路。

把握今天

大科学家爱因斯坦曾经说过："我从不去想未来，因为它来得太快了。"而中国道家宣扬"无为以求心净"，这也是有其生活依据的。所谓"无为"并非什么事都不做，而是强调不去思考未来，尽力做好眼前的事。

乔治·麦克唐纳也说："有道是，无人曾经沉陷于每日重负之下。唯有把明天的重负加在今天的重负之上时，那个重量才超过一个人所能忍受的限度。"

聪明的人，不会太多地停留在昨天，也不会太多地幻想明天，而是牢牢地把握住今天。因为他懂得时间不因为回忆而增加长度，时间也不因为人的幻想而增加厚度。时间是公平的，富人、穷人，在时间的面前都是平等的。所以，对于来去匆匆的人生，自己要有一个坚实的信念。

对于过去，不要过多地回忆，回忆有时会带来伤感，回忆太多会消磨人的意志。谁都知道，年轻人喜爱梦想未来，老年人都喜欢回忆自己的过去。对于未来，不要有太多想象，不要太过夸张，未来是人们最喜欢的，但又是最不实际的是一种兴奋剂。以平常之心对待未来的人之所以活得很好，是他们并不夸饰未来。一加一从来不等于二，或者说，昨天的经验加上今天的奋斗，一定有一个光辉的明天。

只有把握今天，才是人生的绝对哲理！

往日的遗憾可以用今天的成绩来弥补，明日的风景可以用今天的匠心去栽培。今天，为你留下了恣意挥洒的空间，你可以努力想象，尽情发挥。今天，是你奋起直追的起跑线，你可以用冲刺的加速度改写昨日失败的懊悔。

请相信，只要你好好把握住了今天，你理想的天空就不会出现阴霾，你耕耘的田野就会硕果累累，你事业的航船就会一帆风顺，你成功的身后就会留下一座不朽的丰碑。当明日朝阳升起的时候，你就会心情舒畅，坦然面对。

所以，最重要的是把握今天，一步一个脚印，一步一步地前进。千里之行，始于足下，不要嫌弃小事，大事是从小事做起的。不要嫌弃走得慢，走得慢比不走要好。走自己的路，不要东张西望。不要回头，一直走下去。不要先问结果，要问自己的努力和付出。这样才有可能成为真正事业的成功者。

少留恋昨天，多把握今天，更要努力创造明天。

第二章

懂得放弃才能成就人生

　　放弃也是一种选择，更是一种睿智。明智的放弃胜过盲目的执着，它驱散了乌云，清扫了心房；它让你不盲从、不迷失、不狭隘。当你能够睿智而坦然地放弃的时候，你的生命就得到了升华，你的人生就得到了跨越！

人生没有回头路

很久以前，苏格拉底的几个学生向老师请教人生的真谛。

充满智慧的苏格拉底把他们带到麦田边，这时正是谷物成熟的季节，田地里到处都是沉甸甸的麦穗。"你们各自顺着一行麦田从林子这头走到那头，每人摘一枚自己认为是最大最好的麦穗。不许走回头路，不许做第二次选择。"苏格拉底神秘地说。

学生们在穿过果林的整个过程中，都十分认真地进行着选择。

等他们到达果林的另一端时，老师已在那里等候着他们。

"你们是否都完成了自己的选择？"苏格拉底问。

学生们你看着我，我看着你，都不回答。

"怎么啦？孩子们，你们对自己的选择满意吗？"苏格拉底再次问。

"老师，让我再选择一次吧！"一个学生请求说，"我走进果林时，就发现了一个很大很好的麦穗，但是，我还想找一个更大更好的。可当我走到最后，却发现第一次看见的那枚麦穗就是最大的。"

另一个学生紧接着说："我和他恰巧相反，走进果林不久就摘下了一枚我认为是最大最好的麦穗。可是后来我发现，果林里比我摘下的这枚更大更好的麦穗多的是。老师，请让我也再选择一次吧！"

"老师，让我们都再选择一次吧！"其他学生一起请求。

苏格拉底坚定地摇了摇头："孩子们，没有第二次选择，这是游戏规则。"

当你做了一件令你后悔的事后，才明白错了；当你选择了一条路后，才发现南辕北辙了。别把一切希望放在回头上，因为人生从来都不可能有回头路。既然做过了，走过了，你也就别无选择。人生真正的靠山是自己，只有你的选择是对的，你自己才会是好的。

放弃也是一种智慧

放弃，是一种智慧，是一种豁达，它不盲目，不狭隘。

放弃，对心境是一种宽松，对心灵是一种滋润，它驱散了乌云，它清扫了心房。有了它，人生才能有爽朗坦然的心境；有了它，生活才会阳光灿烂。

1998 年的诺贝尔奖得主崔琦，在有些人眼里简直是"怪人"：远离政治，从不抛头露面，整日浸泡在书本中和实验室内，甚至在诺贝尔奖桂冠加顶的当天，他还如常地到实验室工作。更令人难以置信的是，在美国高科技研究的前沿领域，崔琦居然是一个地地道道的"电脑盲"。他研究中的仪器设计、图表制作，全靠他一笔一画完成。而一旦要发电子邮件，也都请秘书代劳。他的理论是：这世界变化太快了，我没有时间去追赶！

崔琦放弃了世人眼里炫目的东西，为自己赢得了大量宝贵的时间，也赢得了至高无上的荣誉。

人的一生很短暂，有限的精力不可能方方面面都顾及，而世界上又有那么多炫目的精彩，这时候，放弃就成了一种大智慧。放弃其实是为了得到，只要能得到你想得到的，放弃一些对你而言并不必需的"精彩"，又有什么不可以呢？

贪婪是大多数人的毛病，有时候死死抓住自己想要的东西不放，只会给自己带来压力、痛苦、焦虑和不安。往往什么都不愿放弃的人，结果却什么也得不到。

放弃是一种睿智。尽管你精力过人、志向远大，但时间不容许你在一定时间内同时完成许多事情，正所谓："心有余而力不足。"所以，在众多的目标中，我们必须依据现实，有所放弃，有所选择。

如果在放弃之后，烦乱的思绪梳理得分明起来，模糊的目标变得清晰起来，摇摆的心变得坚定起来，那么放弃又有什么不好呢？

人生总要面临许多选择，也要做出一些放弃。要学会选择，首先要学会放弃。放弃是为了更好地调整自我，集中精力于自己能做成的事。特别是在现代社会中，竞争日趋激烈，每个人的生存压力也越来越大，于是每个人都身不由己地变得"贪心"。追求太多，其失望也愈深，所以一定要保持一个清醒的头脑，做好人生的取舍。

舍小利，成大德

唐代宰相张公艺的家族一向以九代同居、和睦相处著称于世，为世人所艳羡。一天，唐高宗亲自去到他家，向他询问维持这么一个大家庭的和睦的道理，张公艺没说话，只是让家仆取来一纸一笔，一口气写下了一百多个"忍"字。高宗看后不禁连连点头，赏赐了他许多绸缎与玉帛。

俗语讲得好："小不忍则乱大谋。"有时舍小利亦可成大德。

清朝乾隆年间，郑板桥在外地做官。忽然有一天，收到在老家务农的弟弟郑墨的一封来信。老弟兄俩经常通信，然而这一次却非同寻常。原来弟弟想让哥哥出面，到当地县令那里说说情。这一下子弄得郑板桥很不自在。这郑墨粗识文墨，原也不是个好惹是生非之徒，只是这次明显受人欺侮，心里的怨恨实在咽不下去。原来，郑家与邻居的房屋共用一墙。郑家想翻修老屋，邻居出来干预，说那堵墙是他们祖上传下来的，不是郑家的，郑家无权拆掉。其实，这契约上写得明明白白，那堵墙是郑家的，邻居借光盖了房子。这官司打到县里，审无结果，双方都难免求人说情。郑墨自然想到了做官的哥哥，想来有契约在，再加上哥哥出面说情，官官相护嘛，这官司就必赢无疑了。郑板桥考虑再三，给弟弟写了一封旨在息事宁人的信，同时寄去了一个条幅，上写"吃亏是福"4个大字。同时又给弟弟另附了一首打油诗：

千里告状只为墙，

让他一墙又何妨；

万里长城今犹在，

不见当年秦始皇。

郑墨接到信，当即撤了诉状，向邻居表示不再相争。那邻居也被郑氏兄弟的一片至诚所感动，也表示不愿继续闹下去。于是两家重归于好，仍然共用一墙。这在当地一时传为佳话。

大凡平民百姓，最难吃亏的是财，最难忍受的是气，往往被气所激，被财所迷，导致局面不可收拾。一打官司，难免为了争个输赢而打点官府衙门，大多是丢了西瓜，捡个芝麻，为人耻笑，自己倾家荡产。这样的关口，两相争必相伤，两相和必各保，实在不值得争赢斗狠，埋下深仇大恨的种子。

下山的也是英雄

人们习惯于对爬上高山之巅的人顶礼膜拜，实际上，能够及时主动从光环中隐退的下山者也是"英雄"。

有多少人把"隐退"当成"失败"。许多事例显示，对于那些惯于享受欢呼与掌声的人而言，一旦从高空中掉落下来，就像是艺人失掉了舞台，将军失掉了战场，信徒失去了信仰，往往因为一时难以适应，而自陷于绝望的谷底。

心理专家分析，一个人若是能在适当的时间选择做短暂的隐退（不论是自愿还是被迫），那会是一个很好的转机，因为它能让你留出时间观察和思考，使你在独处的时候找到自己内在真正的世界。

唯有离开自己当主角的舞台，才能防止自我膨胀。虽然，失去掌声令人惋惜，但往好的一面看，心理专家认为，"隐退"就是进行深层学习，一方面挖掘自己的阴影，一方面重新上发条，平衡日后的生活。当你志得意满的时候，是很难想象没有掌声的日子的。但如果你要一辈子获得持久的掌声，就要懂得享受"隐退"。

作家班塞尔·欧文说过一段令人印象深刻的话："在其位的时候，总觉得什么都不能舍，一旦真的舍了之后，又发现好像什么都可以舍。"曾经做过杂志主编，翻译出版过许多知名畅销书的班塞尔·欧文，在40岁事业最巅峰的时候退下来，选择当个自由人，重新思考人生的出路。

40岁那年，欧文从人事经理被提升为总经理。3年后，他自动"开除"自己，舍弃堂堂"总经理"的头衔，改任没有实权的顾问。

正值人生最巅峰的阶段，欧文却奋勇地从急流中跳出，他的说法是："我不是退休，而是转进。"

"总经理"3个字对多数人而言，代表着财富、地位，是事业身份的象征。然而，短短3年的总经理生涯，令欧文感触颇深的，却是诸多的"无可奈何"与"不得而为"。

他全面地打量自己，他的工作确实让他过得很光鲜，周围想巴结自己的人更是不在少数，然而，除了让他每天疲于奔命，穷于应付之外，他其实活得并不开心。这个想法促使他决定辞职，"人要回到原点，才能更轻松自在。"他说。

辞职以后，司机、车子一并还给公司，应酬也减到最低。不当总经理的欧文，感觉时间突然多了起来，他把大半的精力拿来写作，抒发自己在广告领域多年的观察与心得。

"我很想试试看，人生是不是还有别的路可走。"他笃定地说。

事实上，欧文在写作上很有天分，而且多年的职场经历给他积累了大量的素材。现在欧文已经是某知名杂志的专栏作家，期间还完成了两本管理学著作，欧文迎来了他的第二个人生辉煌。

事实上，"隐退"很可能只是转移阵地，或者是为了下一场战役储备新的能量。但是，很多人认不清这点，反而一直缅怀着过去的光荣，他们始终难以忘记"我曾经如何如何"，不甘于从此做个默默无闻的小人物。走下山来，你同样可以创造辉煌，同样是个大英雄！

进得来也要出得去

"一头栽下去"，是很多人恋爱时都要经历的过程。但是你可知道，很多事情都能和爱情一样让你深深陷进去。譬如，工作就能让人在不知不觉中陷入"无法自拔"的境地。

在这个以工作为导向的社会里，产生了无数对工作狂热的人。他们没日没夜地工作，整日把自己压缩在高度的紧张状态中。每天只要睁开眼睛，就有一大堆工作等着他。

你如果要判定这个人是不是"工作狂"，最直接的方法就是放假。因为，有很多工作狂最讨厌节日，尤其是放长假，对他们而言，简直就是一种折磨。只要一闲下来，他们就会闷得发慌，恨不得赶紧逃回办公室里。

其实，工作狂不单单指做事的状态，也是一种心理的状态。据心理研究人员分析，具有工作狂特质的人大都是目标导向的完美主义者。一切以原则挂帅，他们企图从工作中获得主宰权、成就感与满足感，任由生活完全受工作支配。他们相信只有工作才是一切意义的所在，活动、人际关系对他来讲都是无关紧要的。

从第一天工作开始，某外企大中华区经理泰德心里只有一个目标——希望自己在 30 岁的时候能挣得一个好的位置。由于急于求表现，他几乎是拼了命工作。别人要求 100 分，他非要做到 120 分不可，总是超过别人的预期。

那段时间，泰德整个心思完全放在工作上，不论吃饭、走路、睡觉，几乎都在想工作，其他的事一概不过问。对他而言，下班回家，只不过是转换另一个工作场所而已。

拼命工作的结果不仅使他与家庭产生了距离，与员工更是形成对立的局面。而他自己，其实过得也并不快乐，常常感觉处在心力交瘁的状态。

当时，泰德不认为自己有错，觉得自己做得理所当然；反而责怪别人不知体谅，不肯全力配合。不过，慢慢地他发现，纵然自己使尽了全力，也还是追不到自己想要的。

35 岁以后，泰德才开始领悟，过去的态度有很大的偏差。处处以工作成就为第一，没有想到工作只是人生的一部分，而不是全部。虽然，口口声声说是为了别人，但其实是为了掩盖自己追求虚荣的心理。

泰德不否认"人应该努力工作"。但是，在追求个人成就的同时，不应该舍弃均衡的生活；否则，就称不上"完整"的人生。泰德的领悟是这样的：工作既要进得来，还要出得去。只有进得来才能把工作做好，而只有出得去才能均衡生活，使自己的人生更丰富、更有意义。

重新调整脚步之后，泰德发现比较喜欢现在的自己，爱家、爱小孩，还有自己热衷的嗜好。他没想到这些过去自己所不屑、认为是浪费时间的事，现在却让他得到非常大的满足。对于工作，他还是很努力，至于结果，一切随缘。

放下才能解决

两个男孩因为贪玩，耽误了上课时间。一个说，现在赶回去一样也是迟到，索性玩下去算了；另一个虽然觉得这样不妥，但是想到难缠的班主任老师盘问起来没个完，一时也想不出怎样对付，再说正玩在兴头上……

两个男孩玩了一整天。回家路上，他们谁也不跟谁说话，各自心里打着算盘，回去怎样向父母交代。

一个想：此刻，也许班主任老师正在往他家里打告状电话……爸爸放下电话，一屁股在电话机旁边的沙发上坐下来，然后摸出香烟来抽。正常情况下，妈妈只允许他在阳台上抽烟。除非是这种"非常时候"他才可以得到妈妈的"豁免权"。总之，今天晚上的日子不会好过。其实他能说的只有一句话：旷课是错误的，以后我改正。可是，说与不说效果差不多，非得承受几个小时的"折磨"。转念一想，有了！前几天数学测验得了个满分，回去先"报喜"，然后再承认今天的错误。想不到这个先声夺人、"将功补过"的招数果然奏效。

另一个男孩就不那么幸运了。这一路上他为自己设计好几套说辞，企图蒙混过关。比如，路上捡到了钱包，为了等失主……最后还是决定把责任推给他的"同谋"，要不是他的撺掇，最多是"迟到"，何至于"旷课"呢？当然，他的父母没有因此而原谅他，理由很简单，自己犯了错，还往别人身上推，错上加错。

有一幅漫画，画着一架飞机和一只小鸟并头齐飞，题目是：懂得如何放下问题的人，胜过知道怎样解决问题的人。飞行员看到迎面而来的小鸟，与其绞尽脑汁思考怎样对付它，不如转身顺着它一起飞。大概这就是这幅画的意思吧。

很多时候，问题就像个包袱，挡着你的出路，何不暂且把它搁置一旁，以积蓄新的力量，采取一个新的姿势去实现目标？试想，一个全身挂满了包袱的人，挪一步都会非常吃力，又怎么能够奔跑起来呢？

丢弃旧我，接纳新我

我们一定有过年前大扫除的经历吧。当你一箱又一箱地打包时，一定会很惊讶自己在过去短短一年内，竟然累积了这么多的东西。然后懊悔自己为何事前不花些时间整理，淘汰一些不再需要的东西，如果那么做了，今天就不会累得你连脊背都直不起来。

大扫除的懊恼经验，让很多人懂得一个道理：人一定要随时清扫、淘汰不必要的东西，日后才不会变成沉重的负担。

人生又何尝不是如此！在人生路上，每个人不都是在不断地累积东西？这些东西包括你的名誉、地位、财宝、亲情、人际关系、健康等，当然也包括了烦恼、苦闷、挫折、沮丧、压力等。这些东西，有的早该丢弃而未丢弃，有的则是早该储存而未储存。

在人生道路上，我们几乎随时随地都得做自我"清扫"。念书、出国、就业、结婚、离婚、生子、换工作、退休……每一次挫折，都迫使我们不得不"丢掉旧我，接纳新我"，把自己重新"扫"一遍。

不过，有时候某些因素也会阻碍我们放手进行扫除。譬如：太忙、太累，或者担心扫完之后，必须面对一个未知的开始，而你又不能确定哪些是你想要的。万一现在丢掉了，将来又捡不回来怎么办？

的确，心灵清扫原本就是一种挣扎与奋斗的过程。不过，你可以告诉自己：每一次的清扫，并不表示这就是最后一次。而且，没有人规定你必须一次全部扫干净。你可以每次扫一点，但你至少应该丢弃那些会拖累你的东西。

洛威尔是美国著名的心理学家。有一年他和一群好友到东非赛伦盖蒂平原去探险。在旅途中，洛威尔随身带了一个厚重的背包，里面塞满了食具、切割工具、挖掘工具、衣服、指南针、观星仪、护理药品等。洛威尔对自己携带的物品非常满意。

一天，当地的一位土著向导检视完洛威尔的背包之后，突然问了一句："这些东西让你感到快乐吗？"洛威尔愣住了，这是他从未想过的问题。洛威尔开始问自己，结果发现，有些东西的确让他很快乐，但是，有些东西实在不值得他背着它们，走那么远的路。

洛威尔决定取出一些不必要的东西送给当地村民。接下来，因为背包变轻了，他感到自己不再有束缚，旅行得十分愉快。

生命就如同一次旅行，背负的东西越少，越能发挥自己的潜能。你可以列出清单，决定背包里该装些什么才能帮助你到达目的地。但是，记住，在每一次停泊时都要清理自己的口袋，什么该丢，什么该留，把更多的位置空出来，让自己轻松起来。

舍得放弃优势

三个旅行者同时住进了一家旅店。

早上出门的时候，一个旅行者带了一把伞，另一个旅行者拿了一根拐杖，第三个旅行者什么也没有拿。晚上归来的时候，拿伞的旅行者淋得浑身是水，拿拐杖的旅行者跌得满身是伤，而第三个旅行者却安然无恙。于是前两个旅行者很纳闷，问第三个旅行者："你怎么会没事呢？"

第三个旅行者没有回答，而是问拿伞的旅行者："你为什么会淋湿而没有摔伤呢？"

拿伞的旅行者说："当大雨来临的时候，我因为有了伞就大胆地在雨中走，却不知怎么淋湿了；当我走在泥泞坎坷的路上时，我因为没有拐杖，所以走得非常仔细，专拣平稳的地方走，所以没摔伤。"

然后，他又问拿拐杖的旅行者："你为什么没有淋湿却摔伤了呢？"

拿拐杖的说："当大雨来临的时候，我因为没有带雨伞，便拣能躲雨的地方走，所以没有淋湿；当我走在泥泞坎坷的路上时，我便用拐杖拄着走，却不知为什么不断跌倒。"

第三个旅行者听后笑笑，说："这就是我安然无恙的原因。当大雨来时我躲着走，当路不好时我小心地走，所以我没有淋湿也没有摔伤。你们的失误就在于你们有凭借的优势，认为有了优势便少了忧患。不懂得去选择去放弃。"

第三个旅行者才是真正的智者，他的旅行没有思想包袱，他懂得放弃，同时他也学会了选择，所以他既没有被雨淋也没有跌伤自己。

许多时候，我们不是跌倒在自己的缺陷上，而是跌倒在自己的优势上，因为缺陷常能给我们以提醒，而优势却常常使我们忘了去选择和放弃。

放开他并不等于失去他

生活并不是一帆风顺的，很多时候我们需要学会放手。放手不代表对生活的失职，它也是人生中的契机。

然而学会放手要比学会坚持更难，因为那需要更多的勇气。

常常听结过婚的人谈起自己婚后生活的不顺心。"婚姻是爱情的坟墓。"

许多人都觉得这是一句至理名言。为什么双方都极为珍视的沟通最后会成为感情的障碍？为什么为了更好地拥有对方而结婚却使两人离得越来越远？看完下面这篇文章，也许我们会有所领悟。

有一个女孩，她很爱自己的恋人，生怕失去对方，因此就无时无刻不监视着他，弄得他心烦意乱，提出要和她分手，这使她很伤心。

她母亲是一个很有哲学素养的人，听女儿诉说了自己的烦恼后，就把她带到了海边，在海风的习习吹拂下，母亲捧起一捧沙子对女儿说："孩子，你看，我轻轻地捧着它们，它们会漏掉吗？"女儿看了一会儿，一粒沙子也没有从母亲手中滑落，就摇了摇头。接着，母亲说："我再用力抓紧它们，你看会漏掉吗？"说完，就用力去握沙子，奇怪的是，她握得越紧，沙子从指缝里漏得越多、越快，不一会儿，所有的沙子就都从母亲的手中漏光了。

这时，女儿忽然明白了：爱情和沙子一样，握得越紧，就越容易失去。

爱情和婚姻，你越是把它抓得紧紧的，它就越有可能会离你而去，给恋人或爱人应有的自由，适度地放手，你们的爱情就会如陈年佳酿，愈老愈香。

不要跟对手硬拼

一位搏击高手参加搏击大赛，自以为稳操胜券，一定可以夺得冠军。

然而事与愿违，在最后的决赛中，他遇到一个实力强劲的对手，双方竭尽全力出招攻击。两人打到中途，搏击高手意识到，自己竟然找不到对方招式中的破绽，而对方的攻击却往往能够突破自己防守中的漏洞，有选择地打中自己。

比赛的结果可想而知，这个搏击高手惨败在对方手下，与冠军奖杯擦肩而过。

他愤愤不平地找到自己的师父，一招一式地将对方和他搏击的过程再次演练给师父看，并请求师父帮助他找出对方招式中的破绽。他决心根据这些破绽，研究出足以克敌制胜的新招，好在下次比赛时，打倒对方，夺取冠军奖杯。

师父笑而不语，在地上画了一道线，要他在不能擦掉这道线的情况下，设法让这条线变短。

搏击高手百思不得其解，怎么会有像师父所说的办法，能使地上的线变短呢？最后，他无可奈何地放弃了思考，转向师父请教。

师父在原先那道线的旁边，又画了一道更长的线。两者相比较，原先的那道线，看来变得短了许多。

师父开口道："夺得冠军的关键，不仅仅在于如何攻击对方的弱点，正如地上的长短线一样，如果你不能在要求的情况下使这条线变短，你就要懂得放弃在这条线上做文章，寻找另一条更长的线。那就是只有你自己变得更强，对方就如原先的那道线一样，也就在相比之下变得较短了。如何使自己更强，才是你需要苦练的根本。"

徒弟恍然大悟。

师父笑道："搏击要用脑，要学会选择，攻击其弱点。同时要懂得放弃，不跟对方硬拼，以自己之强攻对方之弱，你才能夺取冠军。"

在获得成功的过程中，在夺取冠军的道路上，有无数的坎坷与障碍，需要我们去跨越、去征服。人们通常走的路有两条：

一条路是学会选择攻击对手的薄弱环节。正如故事中的那位搏击高手，可找出对方的破绽，给予其致命的一击，用最直接、最锐利的方法或技巧，快速解决问题。

另一条路是懂得放弃，不跟对方硬拼，全面增强自身实力，在人格上、在知识上、在智慧上、在实力上使自己加倍地成长，变得更加成熟，变得更加强大，以己之强攻敌之弱，让许多问题迎刃而解。

第三章

适合的才是最好的

　　世事如棋，需要选择和放弃的太多，关键是明白选择什么，放弃什么。衡量的天平不是高，不是大，不是全，不是美，而是适合。合脚的鞋才能让你健步如飞，合心的生活才能让你幸福一生！

适合的才是最好的

有两只老虎，一只在笼子里，一只在野地里。

在笼子里的老虎三餐无忧，在野外的老虎自由自在。两只老虎经常进行亲切的交谈。

笼子里的老虎总是羡慕外面老虎的自由，外面的老虎却羡慕笼子里的老虎安逸。一天，一只老虎对另一只老虎说："咱们换一换。"另一只老虎同意了。

于是，笼子里的老虎走进了大自然，野地里的老虎走进了笼子。从笼子里走出来的老虎高高兴兴，在旷野里拼命地奔跑；走进笼子的老虎也十分快乐，他再不用为食物而发愁。

但不久，两只老虎都死了。

一只是饥饿而死，一只是忧郁而死。从笼子中走出的老虎获得了自由，却没有同时获得捕食的本领；走进笼子的老虎获得了安逸，却没有获得在狭小空间生活的心境。

适合的才是最好的。

许多时候，人们往往对自己的幸福熟视无睹，而觉得别人的幸福却很耀眼。想不到，别人的幸福也许对自己并不适合；更想不到，别人的幸福也许正是自己的坟墓。

这个世界多姿多彩，每个人都有属于自己的位置，有自己的生活方式，有自己的幸福，何必去羡慕别人？安心享受自己的生活，享受自己的幸福，才是快乐之道。

你不可能什么都得到，你也不可能什么都适合去做，所以，你要学会放弃，放弃不切实际的想法，放弃愚蠢的行动。只有学会放弃，学会知足，才能更好地把握快乐、享受幸福。

选择自己的生活

《伊索寓言》中有一个关于乡下老鼠和城市老鼠的故事：城市老鼠和乡下老鼠是好朋友。有一天，乡下老鼠写了一封信给城市老鼠，信上这么写着："城市老鼠兄，有空请到我家来玩，在这里，可享受乡间的美景和新鲜的空气，过着悠闲的生活，不知意下如何？"

城市老鼠接到信后，高兴得不得了，立刻动身前往乡下。到那里后，乡下老鼠拿出很多大麦和小麦，放在城市老鼠面前。城市老鼠不以为然地说："你怎么能够老是过这种清贫的生活呢？住在这里，除了不缺食物，什么也没有，多么乏味呀！还是到我家玩吧，我会好好招待你的。"

乡下老鼠于是就跟着城市老鼠进城去。

乡下老鼠看到那么豪华、干净的房子，非常羡慕。想到自己在乡下从早到晚，都在农田上奔跑，以大麦和小麦为食物，冬天还得在那寒冷的雪地上搜集粮食，夏天更是累得满身大汗，和城市老鼠比起来，自己实在太不幸了。

聊了一会儿，他们就爬到餐桌上开始享受美味的食物。突然，"砰"的一声，门开了，有人走了进来。他们吓了一跳，飞也似的躲进墙角的洞里。

乡下老鼠吓得忘了饥饿，想了一会儿，戴起帽子，对城市老鼠说："乡下平静的生活，还是比较适合我。这里虽然有豪华的房子和美味的食物，但每天都紧张兮兮的，倒不如回乡下吃麦子来得快活。"说罢，乡下老鼠就离开都市回乡下去了。

这则寓言使我们看到不同个性、习惯的老鼠，喜欢不同的生活。即使他们都曾经对别的世界感到好奇、有趣，但是，他们最后还是都回归到自己所熟悉的生活圈子中，并且都能得到各自简单而快乐的生活。

很多人总是会情不自禁地羡慕别人的生活，以为那就是最快乐的享受。其实，不切实际地改变自己，不但得不到简单和快乐，反而会给自己增添许多大大小小的麻烦和苦恼。

最好的活法

怎样生活才是最好的生活？答案很简单，只要是最适合自己的，便是最好的、最美的。

谁甘愿度过平庸的一生？谁没有过美好的憧憬？人和植物、动物的区别，重要的一点恰恰在于人会设计自己的愿望，有实现这一愿望的冲动。理想使人具有不折不挠的精神力量。因而当人实现这一愿望的冲动受挫，理想便使人痛苦。实现了自己的理想的人并不少，而因为许多不成功的例子被常常引用，让很多人误以为理想太不容易实现。

理想，说到底，无非是对某一种活法的主观选择。客观的限制通常是强大于主观努力的，树立理想应该是最合适的，没有现实根基的理想只能是妄想。有理想有追求是一种积极主动的活法，不被某一不切实际的理想所折磨，调整选择的方位，更是积极主动的活法。

一切生活都是值得好好去过的。须知任何一种生活都是生活，无论主观选择的还是客观安排的，只要不是穷困的、悲惨的、不幸的，只要是正常的生活都是有正面和负面的。帝王的权威不是农夫所能企盼和拥有的，但农夫却是不必担心被杀身篡位。人往高处走，水往低处流——人改变自己命运的想法永远是天经地义、无可指责的，但首先应是从最实际处开始改变。

一个人不论何时开始考虑怎样度过一生都为时不晚。未雨绸缪不但没有损失，反而使人获益很多。每个人来到世上都是有所为的，没有人生来就是轻视自己的，不是吗？如果你缺乏成就感，就该赶紧想办法拓展自己的思考范围，开创全新的人生。

另一方面，自知者不怨人，知命者不怨天。从字面上看来有点儿听天由命的样子，其实强调的是一种乐观的生活态度。没有乐观的生活态度，哪还谈得上什么积极进取？这样一来，你自然能了解，你从未失去什么。只要你愿意，切实掌握每一分钟，今天便是重生的起跑点，每分每秒都可以不断充实生活。

社会越是发展，人的机遇就会越多。人到中年未实现或未达到的，并不意味着你一生不能实现。你的一生中也许将几次经历得到、失去，再得、再失，有时你的人生轨迹竟被完全彻底地改变,迫使你一切从头开始。谁准备的越多，应变能力就越强，成就就越多，慢慢地你会发现有很多适合你的方面。

别忘了，选择最适合自己的才是最美的。

不完美也幸福

据说，自你一降生，就有一份天定的缘为你而生。然而大千世界，人海茫茫，生命苦短，如何才能找到属于你的那个完美的伴侣呢？现代的人们，总不能固守这份天缘，不能以易逝的青春和焦灼的心情屏息静候吧？于是，他（她）们常常很勉强地接受了随风而至的他（她），却又一遍遍地把他（她）和自己心目中那个完美的设想进行对比，对比一次，失望一次。他们并不懂得，如何去珍惜身边的和已经拥有的；他们也不知道，自己已经得到的其实就是最大的幸福、最真的爱情！

如果有这样一个人，他在你的心目中是绝对完美的，没有一丝缺陷，你敬畏他却又渴望亲近他，那么，这种感觉不可以称为"爱情"，而是"崇拜"。崇拜需要创造一个偶像，就像图腾之类没有血肉的东西；而爱情不需要，爱情是真真切切地能够用手触摸、用心体会的。爱情是你明知他穿得十分"土气"，却甘愿带他出入于大庭广众；是你鄙视杀猪匠，却偏偏做了杀猪匠的妻子；是你素有洁癖，却十分勤快地为他洗着油腻腻的饭盒，刷着脏兮兮的球鞋……

一位秀外慧中的女孩大学毕业后，拒绝了很多优秀男孩的追求，最后却选择了一个毫不起眼且个子矮小的同事。周围的许多人都觉得不可思议，就连她的闺中女友也表示不理解。而她自己却很坦然，在众人疑惑的目光中，她披上婚纱与先生怡然地走进了"围城"。多年以后，当她的同学们都疲倦于营造自己的一隅、失望于当初幻想的破灭之时，众人在同学聚会上发现：这位女孩并没有如他们原先所想的那样，被困在一个庸碌无为的圈子里，憔悴不堪；而是依然光彩照人，甚至比以前还多了一份成熟的雍容和深沉。这位女士告诉大家，她的男人不是最优秀的，有着许多的缺点，但这些在她还没有接受他的时候就已知道；但她愿意今生今世将自己的感情托付给这个在她遇到挫折的时候默默地帮助她、在她失意的时候热情地鼓励她，并且从不索取任何回报的男人。

由此可想，如果有一份执着而持久的感情和一份金玉其外却瞬间即逝的"感情"，你宁愿选择哪一种？世界上有许多出色的男孩和美丽的女孩，然而真正属于你的感情只能有一份，千万不要因为别人的眼光而改变了自己的挚爱，莫要活在别人的眼光里而失去了自己！感情不能贪心，也不能梦想。"如果有谁认为有十全十美的爱情，他不是诗人，就是白痴。"这话使我深信不疑。所以，我们用心来守候着属于自己的、并不惊天动地的爱情，等待之后便是一生一世的厮守！

其实真正的爱情只有蜕变成亲情才能永存，浪漫也只能是一时的风花雪月，再美丽的爱情到最后也要踏踏实实过日子。想想人生几十年，转瞬即逝，年华逝去，如梦无痕。一直渴望能和自己心爱的人，在余晖下相依携手看天边的浮云，看飘零的枫叶，对自己来说，这就是幸福。记得海岩说过，幸福其实就是个人内心的一种感受，无所谓是非对错。其实只要你觉得自己是幸福的，那你就是幸福的。

失去才知珍贵

人往往是在失去以后才知道珍贵，愿我们好好把握珍惜眼前的一切，不仅仅是在爱情方面，亲情或友情亦是如此。

曾经有个男孩种了一株玫瑰，放在向阳的窗台上，那是他和一个女孩一起去买的种子和花盆。男孩总是对女孩说：你在我的心中永远是最美好的，我要种出最美的玫瑰花送给你。

女孩总是微笑地看着他，看他用专注的神情替玫瑰浇水施肥，看他用期待的眼神注视着眼前的盆栽。每当此时，女孩总会想起，当她与他第一次相见时，男孩正是用这样的神情注视着她。

在男孩用心的灌溉培育之下，日子一天天过去，玫瑰也长出了芽，生出了枝叶……

男孩迷上了上网与BBS，常和一群朋友玩在一块，几天不找女孩是常有的事。女孩越来越难找到他。女孩很担心他。

每次男孩回到家，总是会先去看看窗台上的玫瑰，看到玫瑰垂头丧气、病快快的，他总是心疼地责怪自己的疏忽，赶紧为它浇水施肥，日夜守护着它，希望玫瑰早日开出美丽的花朵……一天，他惊喜地看到玫瑰长出第一个花苞，高兴地打电话给女孩。等了很久电话的女孩，开心地听他用兴奋的语气说着："很快我就可以送你一束我亲手种的玫瑰了！"

男孩依然成日成夜地去玩，在家的时间越来越少。一天，当他回到家，低垂的玫瑰知道主人回来了，微微地抬起头。可是男孩太累了，倒在床上就进入了梦乡，第二天又匆忙出门去了。

许久未见到男孩的女孩，终于来到男孩的家，她看到干枯的玫瑰却仍残留着一片花瓣，似乎不放弃地在等着她。也许玫瑰也知道它的主人曾经那样用爱去灌溉它，就是为了让女孩能看到美丽的玫瑰绽放。

女孩看到地上有一张相片，是另一个女孩。灿烂地笑着，是自己也曾有过的笑容。女孩看着奄奄一息的玫瑰，再看看镜中憔悴的自己，不禁滴下了一滴眼泪，而残存的最后一片花瓣也在此时落下。

回到家的男孩着急地奔向窗台，却看到原本放置玫瑰的地方放着一盆仙人掌，还有一张字条。上面是女孩秀丽的笔迹：我走了！送你一株仙人掌，它不用时时浇水与照顾。但我希望你明白：不管多耐旱的植物，也会有枯死的一天。

男孩终于醒悟，他一直把女孩温柔的等待视为理所当然，却忘了她毕竟不是一株仙人掌。而此时他才意识到女孩是他心中永远的玫瑰花。

总有适合你的路

静谧的非洲大草原上，夕阳西下。一头狮子在沉思：明天当太阳升起，我要奔跑，以追上跑得最快的羚羊；此时，一只羚羊也在沉思明天当太阳升起，我要奔跑，以逃脱跑得最快的狮子。

话说这只狮子发现了这只羚羊，追了半天也没追上。别的动物笑话狮子，狮子说："我跑是为了一顿晚餐，而羚羊跑却是为了一条命，它当然跑得快了。"

是的，无论你是狮子还是羚羊，当太阳升起的时候，你要做的就是奔跑，尽管有的为晚餐，有的为生命。因为目的从来是没有过失的，况且我们处于不同的角色中。

也许你奔跑了一生，也没有达到彼岸；也许你奔跑了一生，也没有登上峰顶。但是抵达终点的不一定是勇士；失败了的，也未必不是英雄。不必太关心奔跑的结局如何。奔跑了，就问心无愧；奔跑了，就是成功的人生。

人生之路，无须苛求。只要你奔跑，找到适合自己的坐标，路就会在你脚下延伸，人的生命就会真正创新，智慧就得以充分发挥。

生活中，那些所谓的成功者总是被善意地夸张着，好像他一生下来就注定是一个不平凡的人，而那些曾和你我一样的凡人，却在一遍又一遍地演绎着试图证明自己不是凡人的闹剧。一次又一次的失败之后，凡人开始觉得其实自己也不过是一个凡人。正是由于发现了这一点，所有一切事情的得失就似乎都算不了什么了。一次次相遇的错过，一次次逝去的优越条件，一次次失败……凡人问自己："这难道就是凡人的悲哀吗？"人就是凡人，凡人就有凡心，于是凡人对自己说："何必沮丧呢？我为什么要庸人自扰地看着别人的角色而懊丧呢？这个世界一定有一种角色是适合我的。"

凡人渐渐发现，凡人也有成功的时候，一个善意的赞扬，一次深深的感动，一次不菲的收获……都意味着凡人的成功。"成功"这个字眼儿并不意味着像爱因斯坦那样闻名于世，像爱迪生那样造福人类……凡人终于知道所有的成功并不一定要轰轰烈烈，也并不一定要出人头地，只要把握好自己的角色，好好地活着，不在烦恼中虚度光阴，茫茫人海中，凡人也是不平凡的一个……

只和自己比

人难免要和别人相比，有不同就会有比较。同事之间都爱打听别人的工资是不是比自己高，老板是不是看中他而不是自己？看别人家买了宽敞舒服的新房子，自己还和父母挤在一起，总会有些不平衡。夫妻之间也经常因为这些发生口角。妻子抱怨老公没有别人的丈夫能干；丈夫则说老婆不如别人的妻子贤惠持家。这样比来比去，根本就没个尽头。须知山外有山，天外有天，即使人登上了珠穆朗玛峰，他也没有头顶上的天高；坐上了总统的宝座，却也只能统治一国而不是整个宇宙。

的确，和人相比可以给自己树立明确的目标和参照，很多人就是向他人看齐，步步赶超，实现自己的目标的。很多成功的企业都是在和对手的竞争中逐渐壮大起来的，这样的例子不胜枚举。但和对手比的同时，还要和自己比。一个中等身材的人在矮人国里鹤立鸡群，但他依然不能算作高大；如果你是班里考试唯一一个及格的，那并不能以此就说明你学习好……不断超越自己，才是真正的超越。每天进步一小点儿，看似不起眼，但几年之后，几十年之后，这累积起来的前进将是很大的成就。只有超越自己，才能不断地攀上一座又一座的高峰。

邓亚萍5岁开始随父亲学打球。但她身材矮小，手短脚短，打起乒乓球来的确是挺吃力的。在体工大队训练时，教练认为她"个子低、胳膊短，没发展前途"，被辞退了。邓亚萍被深深地震动了，在她幼小的心灵里暗下决心，一定要以超人的毅力弥补生理上的不足。强烈的自尊心驱使邓亚萍更加刻苦地训练。

1986年，全国乒乓球锦标赛上，13岁的邓亚萍创造了击败世界女子冠军的奇迹，数位世界名将纷纷败在了这个身高仅有1.41米的小姑娘的拍下。从此她一战成名，入选了国家队，并在以后十几年的时间里多次获得国内国际大赛冠军。创造了后人难以企及的纪录，从而成为中国乒乓队的灵魂人物。

2002年邓亚萍在国际奥委会道德委员会以及运动和环境委员会担任职务；2003年，邓亚萍被邀请到北京奥组委市场开发部工作。此外，她还是全国政协委员。人生道路上的孜孜追求让她获得了无数的成功和荣誉，她超越自我的精神使她不断地创造着新的辉煌。

俗话说："人比人，气死人。"你的身边总有强过你的人，如果无法超越又何必过于执着。盲目的攀比很容易造成心态失衡，因为人无完人，自己总有不足，要勇于承认缺点，没必要去苛求自己。越这样比，人就越自卑，越偏激，在痛苦和自责里挣扎，没有尽头。老子曾说："夫不争，故天下不能与之争。"你不和别人争，只坚持提升自己，也就没有人能争得过你。和别人比，如果你不再有对手，那你也就没有了前进的动力；和自己比，明天就要比今天有进步，这样你才会不断地前进。

给爱一条生路

也许你很懂得选择。无论是简单的购物，还是对于工作、学习、生活的选择。而当遇见爱情的时候，你却忘记了选择，或不会选择了。在爱的选择中，人们常常做出愚蠢的举动。

不要忘记，爱也是可以选择的。如果想要拥有一份真正的爱情，也需要我们像买东西一样精心挑选。如若出现了什么问题，我们一样也要退换，不要在抱怨声中滞留。

爱情也是会出现质量问题的。毕竟爱情是两个人的事情，彼此个性的不同会使爱情中产生很多问题。爱情的保质期究竟有多长，判断爱情消逝的标准又是什么，很多人都在研究。

当你的另一半已经像变了一个人，变得对你冷漠的时候，很显然，你们的爱情已经出现了问题。如果可以补救那固然很好，可是有时爱情已经变质到无法挽回，这时硬在一起也没有好结果，甚至容易因爱生恨。那么我们为什么不去做新的选择，放爱一条生路呢？

人生变化难测，更何况是不能用理性评判的爱情呢？不知你有没有想过，明知爱已经不在，可就是不肯放手，原因是什么呢？"我就是要死拽着他，死也要拖死他！"当你说这句话的时候，很显然，不仅仅是他已经不爱你了，你也已经对他没有了爱。那么不放手的原因就是不甘心，不正确的自尊让你变得糊涂，让你执拗地牵拽着对方去继续已经没有结果的事情。筋疲力尽地牵拽甚至可能让你变得疯狂，越加没有理性，做出一些过激的行为，从而更加丧失自尊，甚至想回头是岸都悔之晚矣。早知如此，何不及时放手呢？洒脱地爱，洒脱地放手，才能拥有真正的爱情。

在爱情上不要犯傻，要时刻警醒自己，爱也是可以选择的。在放手的同时，也是给予了自己一次新的选择的机会。

给爱一条生路，也是给自己一条生路。

眼前的更重要

丽莎在星期天结清了新房子的契据。没过几天，朋友看到她时，丽莎所谈论的是她的下一个甚至会更大的房子！不只丽莎一人如此，我们中大多数人会做极其相同的事情。

我们总是想要这个或那个。如果不能得到我们想要的，我们就会不停地去想它，并且保持一种不满足感。如果我们确实已经得到想要的，我们仅仅是在新的环境中重新创造同样的想法。因此，尽管得到了我们所想要的，我们仍旧会不高兴。当我们贪婪不知足时，是得不到幸福的。

一位心理学家指出：最普遍的和最具破坏性的倾向之一就是集中精力于我们所想要的，而不是我们所拥有的。这对于我们拥有多少似乎没有什么影响；我们仅仅不断地扩充我们的欲望名单，这就确保了我们的不满足感。你的心理机制说："当这项欲望得到满足时，我就会快乐起来。"可是一旦欲望得到满足后，这种心理作用却不断重复。

幸运的是，有个可以快乐起来的方法，那就是改变我们思考的重心，从我们所想要的转而想到我们所拥有的。不是期望你的爱人是别人，而是试着去想她美好的品质；不是抱怨你的薪水，而是感激你拥有一份工作；不是期望你能去夏威夷度假，而是想到你家附近亦有乐趣。这样想，你会感到快乐无处不在。

这种可能性是没有穷尽的！每次当你注意到自己跌入这种"我期望生活有所不同"的陷阱中时，爬出来，并且重新来过。吸口气，记住要感激你所拥有的一切。当你的精力不是集中于你想要的，而是集中于你所拥有的时，不管怎样你都会结束这种要得到更多的想法。

如果你聚焦于你爱人的好品质，那么她将会更加表现出爱意。如果你感激你的工作而不是去抱怨它，那么你将会把工作做得更好，并且无论怎样你可能最终得到一次加薪。如果你聚焦于在房屋周围享受的方式，而不是等着到夏威夷享受，你最终会有更多的乐趣。如果你曾去过夏威夷，那么你会习惯于享受；万一，如果你没去过夏威夷，不管怎样，你都会有一个很不错的生活。

知己知彼不容易

一位少年去拜访年长的智者。

他问：我如何才能变成一个自己愉快，也能够给别人愉快的人呢？

智者笑着望着他说："孩子，你有这样的愿望，已经是很难得了。很多比你年长的人，从他们问的问题本身就可以看出，不管给他们多少解释，都不可能让他们明白真正重要的道理，就只好让他们那样好了。"

少年满怀虔诚地听着，脸上没有丝毫得意之色。

智者接着说："我送给你四句话。第一句话是，把自己当成别人。你能说说这句话的含义吗？"

少年回答说："是不是说，在我感到忧伤的时候，就把自己当成是别人，这样痛苦就自然减轻了；当我欣喜若狂之时，把自己当成别人，那些狂喜也会变得平淡中和一些？"

智者微微点头，接着说："第二句话，把别人当成自己。"

少年沉思一会儿，说："这样就可以真正同情别人的不幸，理解别人的需求，而且在别人需要的时候给予恰当的帮助。"

智者两眼发光，继续说道："第三句话，把别人当成别人。"

少年说："这句话的意思是不是说，要充分地尊重每个人的独立性，任何情形下都不可侵犯他人的核心领地？"

智者哈哈大笑："很好，很好，孺子可教也。第四句话是，把自己当成自己。这句话理解起来太难了，留着你以后慢慢品味吧。"

少年说："这句话的含义，我一时体会不出。但这四句话之间有许多自相矛盾之处，我怎样才能把它们统一起来呢？"

智者说："很简单，用一生的时间去阅历。"

少年沉默了很久，然后叩首告别。

后来少年变成了壮年人，又变成了老人。再后来在他离开这个世界很久以后，人人都还时时提到他的名字。人们都说他是一位智者，因为他是一个愉快的人，而且也给了每一个见到过他的人愉快。

能够认识别人，是一种智慧；能够被别人认识，是一种幸福；能够自己认识自己就是圣者贤人。人最难的是正确认识自己，能够清醒地做到这一点，也就近乎一个纯粹完美的人。

生活中，许多人因为不能正确认识自己，而陷于自卑或者自大的误区，因为不能正确认识别人，而常常莽撞地冒犯别人，不知道如何与别人相处。

知己知彼，不是一朝一夕的事，而是需要一生的时间去阅历。

敢于不如人

　　许多人都曾有这样的感觉：常常觉得自己在很多地方不如人。在家务上，不如勤劳能干的主妇；在工作上，不如善于察言观色的同事；在处理人际关系上，甚至不如 12 岁的女儿；在新知识的运用与掌握上，不及年轻人的迅速灵敏；碰到复杂事物，又缺乏长辈的练达、长袖善舞；最糟的是遇到紧急情况缺乏应变能力，反应迟钝，甚至明明稳操胜券的事情，却偏偏输得干干净净。

　　别人会洋洋自得地说："你不用和我吵，你根本吵不过我。你吵你准输。"想想也是的。口讷，碰到情急的事情，往往张口结舌，而且失却判断，完全忘记事情的核心点及对方论点的关键。莫名其妙地被对方的声势所压倒，真是窝囊。有一句忠告真可谓金玉良言：会拉有被，会说有理。世上原是有是非的，却还得看你怎么说，和谁说。

　　调子放得最低最低，心态修炼得最静最静，经历了几番风雨几轮挫折，渐渐地，也想明白了，一个人不可能处处胜于人。有得必有失，样样齐全了，你也许会遭到更大的、更意料不到的天灾人祸。就像小病小灾缠绵一生的人，往往安享天年，而无病无痛、大红大紫的人常常遽祸忽至，防不胜防。命运往往是无常的，做什么都要留有余地。

　　其实，从另一种角度来说，敢于不如人，实际是某种程度上的自信。只有敢于不如人，才能胜于人。天外有天，楼外有楼，一个人怎能时时处处胜过别人呢？每个人都有自己的优点与优势，也都有自己的缺点与短处，扬长避短才是机智，拿自己最不擅长的柔弱之处去硬碰别人修炼得最拿手的看家本领，其结果可想而知了。

　　每个人都具有别人所没有的潜能，但这些潜能是有局限性的，它只存在于某些方面，所以不可能在所有地方都发挥出来。因此，我们在某些方面不如别人很正常。你不是大力士，不可能搬动所有石头；即使你是大力士，你的力气总会耗尽，那这时还会轮到别人来搬石头；你不如利用好你的力气，就搬那几块你想要的石头。有时，多几块石头不是因为需要，而是为了炫耀，那么，何苦这样呢？这样比下去，你只会疲惫不堪。

那些真正的高手都是不显山露水的，他们对待这个喧哗的世界泰然处之，对待那些自命不凡的人淡然笑之。就像《天龙八部》里的扫地僧，谁能料到有如此高手卧藏于少林寺内，却几十年如一日的"不如人"，一直低调下去，又有谁能如此？

因此，有时候必须承认不如人，事事与人比，总有一事不如人。有一个好心态，尽力做好自己力所能及的事，不愧对良心，这样已经足够。

重要的是颗心

一天，一位先生要寄东西，问邮局工作人员有没有盒子卖，邮局工作人员拿纸盒给他看。

他摇摇头说："这太软了，不经压；有没有木盒子？"邮局工作人员问："您是要寄贵重物品吧？"

他连忙说："是的是的，贵重物品。"邮局工作人员给他换了一个精致的木盒子。

他拿过那个盒子，左看右看，似乎是在测试它的舒适度，最后，他满意地朝邮局工作人员点了点头。接下来，他就从衣袋里掏出了所谓的"贵重物品"——居然是一颗红色的、压得扁扁的塑料心！只见他拔下气嘴上的塞子，挤净里面的空气，然后就憋足了气，一下子吹鼓了那颗心。

那颗心躺进盒子，大小正合适。

原来这位先生要邮寄的乃是一颗充足了气的塑料心。

工作人员强忍住笑说："其实您大可不必这么隆重地邮寄您的物品。我来给您称一下这颗心的重量——喏，才 6.5 克。您把气放掉，装进牛皮纸信封里，寄个挂号不就行了吗？"

那位先生惊讶地（或者不如说是怜悯地）看着邮局工作人员，说："你是真的不懂吗？我和我的恋人天各一方彼此忍受着难挨的相思之苦，她需要我的声音，也需要我的气息。我送给她的礼物是一缕呼吸——一缕从我的胸腔里呼出的呼吸。应该说，我寄的东西根本没有分量，这个 6.5 克重的塑料心和这个几百克重的木盒子，都不过是我的礼物的包装呀。"

听完这位先生的讲述，邮局工作人员若有所悟。

每一根为爱情砍断的竹竿都有被砍断的神圣理由。而这种理由可能只是一点点微不足道的细节，但仍是如此生动、质朴、清纯，也许只有相爱的人才了解其珍贵。

其实相爱的两个人，有一颗属于自己的心就够了，对于礼物的轻重并不需要去计较，如果认为三金六银是最好的爱，那总有一天你会被三钻六金所代替。

把握人生的平衡

从前，有位乐师能演奏许多美妙的乐曲，常常被人请去演奏，很受欢迎。

有一次，乐师被一位大富翁请到府中表演，一曲曲优美的音乐令富翁心旷神怡。富翁听着很高兴，对乐师说："如果你能照今天的曲目演奏下去，昼夜不息，我可以送给你百亩良田。"

乐师毫不在意，反问富翁："若我一直演奏下去，你真的能一直听下去吗？"

富翁以为乐师不敢接受这个苛刻的条件，便答道："当然，只要你演奏着，我就听着。"

乐师很高兴地接受了富翁的苛刻条件，把乐器调了调，自己定了神，开始演奏起来，如水的曲调在富翁的屋内洒开来，而富翁则躺在榻上，闭着眼睛尽情欣赏。乐师果然功力非凡，他三天三夜未曾停息，一遍又一遍地演奏着那首优美的旋律。

第四天，富翁实在受不了了。现在他听着这首曲子，再也感受不到那优美动听的韵味了，一切都变成了令他烦躁不安的噪音。

第五天，富翁认输了，十分懊恼地给了乐师百亩良田。

凡事过"度"了，就失去了平衡，也就失去了乐趣。

我们是接受现状，还是把现状改变成我们喜欢的样子？答案：平衡。我们是增加我们所有，还是减少我们想要的？答案：平衡。我们该努力获取更多我们想要的，还是该放慢脚步，多享受一下我们已有的？答案：平衡。

人生一切两难式的困境皆应作如是观。这不是哪边对哪边错的问题。各边通常是既对又错，视你生活里的其他要素而定。平衡的益处就在这儿——面面权衡，选择最适合当前情况的方向。

平衡是生生不息、变动不居的。想想一个拿着平衡竿走钢索的人，一会儿稳稳地，一会儿往右猛晃，然后又剧烈往左垂，一会儿，又平稳下来。那支竿子并没有什么"正确"的位置，唯一"正确"的是做到让你能站在钢索上。

平衡也是择人而异。对某人是平衡，对另一个人则可能是无聊，而对第三个人则可能是极为奢华的东西。

对了解与获得快乐，平衡是个无比重要的观念。

第四章

扫除生命的尘埃，方能认清事物真相

选择和放弃本身就是一个自我扬弃的过程。要敢于剔掉自身的缺点和不足，拭去浮在生命中的尘埃，这样的人生才能凸现生命的质感，彰显青春的本色！

摆脱心中的绳结

古希腊佛里几亚国王葛第士以非常奇妙的方法在战车的轭上打了一串结。他预言：谁能打开这串结，谁就可以征服世界。一直到公元前334年，仍然没有一个人能成功地将结打开。

这时亚历山大率领军队入侵小亚细亚，他来到葛第士绳结的车前，毫不犹豫地拔剑砍断了绳结。后来，他果然建立了横跨亚非欧三洲的大帝国。

在现实生活中，困扰我们的绳结同样存在，并且常常盘绕在我们的心中。

有一个年轻人从家里出门，在路上看到了一件有趣的事，正好经过一家寺院，便想考考老禅师。他说："什么是团团转？"

"皆因绳未断。"老禅师随口答道。

年轻人听了大吃一惊。

老禅师问道："什么事让你这样惊讶？"

"不，老师父，我惊讶的是，你是怎么知道的呢？"年轻人说，"我今天在来的路上，看到了一头牛被绳子穿了鼻子，拴在树上，这头牛想离开这棵树，到草场上去吃草，谁知它转来转去，就是脱不开身。我以为师父没看见，肯定答不出来，却没想到你一口就说中了。"

老禅师微笑道："你问的是事，我答的是理；你问的是牛被绳缚而不得脱，我答的是心被俗务纠缠而不得解脱，一理通百事啊。"

年轻人大悟。

一只风筝，再怎么飞，也飞不上万里高空，因为被绳子牵住；一匹马再怎么烈，也摆脱不了任由鞭抽，是因为被绳子牵住。因为一根绳子，风筝失去了天空；因为一根绳子，水牛失去了草地；因为一根绳子，大象失去了自由；还是因为一根绳子，骏马无法驰骋。

细想想，我们的人生，不也常被某些无形的绳子牵着吗？某一阶段情绪不太好，是不是因为自己存在某种心索？这则故事是不是也能给你带来一些启示呢？

其实，人生中不如意事十之八九，得失随缘吧，不要过分强求什么，不要一味地去苛求些什么。世间万事转头空，名利到头一场梦，想通了，想透了，人也就透明了，心也就豁达了。

名利是绳，贪欲是绳，嫉妒和褊狭也是绳，还有一些过分的强求也是绳。牵绊我们的绳子很多，一个人，只有摆脱这些心的绳索，才能享受到真正的幸福，才能体会到做人的乐趣。

挣脱痛苦的锁链

有一只兀鹰，猛烈地啄着村夫的双脚，将他的靴子和袜子撕成碎片后，便狠狠地啃起村夫的双脚来了。正好这时有一位绅士经过，看见村夫如此鲜血淋漓地忍受痛苦，不禁驻足问他，为什么要受兀鹰啄食呢？村夫答道："我没有办法啊。这只兀鹰刚开始袭击我的时候，我曾经试图赶走它，但是它太顽强了，几乎抓伤我的脸颊，因此我宁愿牺牲双脚。呵，我的脚差不多被撕成碎屑了，真可怕！"

绅士说："你只要一枪就可以结束它的性命呀。"村夫听了，尖声叫嚷着："真的吗？那么你助我一臂之力好吗？"

绅士回答："我很乐意，可是我得去拿枪，你还能支撑一会儿吗？"

在剧痛中呻吟的村夫，强忍着撕扯的痛苦说："无论如何，我会忍下去的。"

于是绅士飞快地跑去拿枪。但就在绅士转身的瞬间，兀鹰蓦然拔身冲起，在空中把身子向后拉得远远的，以便获得更大的冲力，然后如同一根标枪般，把它的利喙深深刺向村夫的喉头。村夫终于扑死在地了。死前稍感安慰的是，兀鹰也因太过费力，淹溺在村夫的血泊里。

你会问：村夫为什么不自己去拿枪结束掉兀鹰的性命，却宁愿像傻瓜一样忍受兀鹰的袭击？在这则故事中，兀鹰只是一个比喻，它象征着萦绕人生的内在与外在的痛苦，人很容易陷入痛苦中，无法自拔。

其实，任何一个凡人都会不知不觉地像村夫一样，沉溺于自己臆造幻想中，不能自拔，甚至"爱"上自己的痛苦，不愿亲手毁掉它，尽管只是举手之劳而已。卡夫卡有一段格言，正是深明人身陷种种苦痛的洞彻哲理："人们惧怕自由和责任，所以人们宁愿藏身在自铸牢笼中。"所以，村夫与他臆想的痛苦（兀鹰）同归于尽。这则寓言告诉我们：不要等待别人解决你的痛苦，只要愿意，你可以超越它，"枪毙"它。

忧虑如沼泽

忧虑是人在面临不利环境和条件时所产生的一种情绪抑制。它是一种沉重的精神压力，使人精神沮丧，身心疲惫。我们看那些忧心忡忡的人，整日愁眉苦脸，唉声叹气，一副暮气沉沉的样子。他们对什么都提不起兴趣，生活成了一种苦刑。恰如高尔基所说，忧愁像磨盘似的，把生活中所有美好的、光明的一切和生活的幻想所赋予的一切，都碾成枯燥、单调而又刺鼻的烟。

忧虑的人是无法专注工作，无法享受生活的。忧虑使人神思恍惚，反应减慢，智力水平下降。整天为不如意的事忧虑伤神，大脑长期处于低潮状态，工作、劳动自然不会取得成果。忧愁还会使人生病，中医早就指出"忧者伤神"。长期心绪不佳，胃口必然不好，体质必然虚弱，严重的忧郁症还可能引发轻生。整天忧虑的人如同陷入可怕的沼泽而无法自拔，即使有力也无法用上。

忧虑的人常常有这样一些行为：

逃避问题。由于问题难以解决而干脆采取回避态度，但事实上问题依然存在，自己只是在表面上逃避，内心深处还是放不下，难题成为心头的沉重包袱。

对问题过分执着，将其看得过于严重。这实际上是给自己增加不必要的精神压力。不敢正视现实，自我封闭。所谓"烦着呢，别理我"，就是这样一种心态的反映。

无论是逃避问题还是对问题过分执着，实际上只可能有两种情况：一种是，问题并不像你所想的那么糟，至少没有到无可挽回的地步。只要采取积极正确的态度，问题就会得到解决。这样，你也就没有什么可忧愁的了。另一种情况是，问题的确是超出了我们的能力所能解决的范围。对这种情况，我们就需要乐观一些，就像杨柳承受风雨一样，我们也要承受无可避免的事实。哲学家威廉·詹姆士说："要乐于承认事情就是这样的情况。能够接受发生的事实，就是能克服随之而来的任何不幸的第一步。"美国克莱斯勒公司的总经理凯勒说："要是我碰到很棘手的情况，只要想得出办法解决的，我就去做。要是干不成的，我就干脆把它忘了。我从来不为未来担心，因为，没有人能够知道未来会发生什么事情，影响未来的因素太多了，也没有人能说清这些影响都从何而来，所以，何必为它们担心呢？"

对自我封闭的心理行为，要通过积极地与外界交流来改变。遇了烦心的事，不要闷在心里，试着向亲人、朋友、老师讲讲，他们的倾听以及有益的劝慰，会驱走你心中的阴云。

你也可以通过改变自己生活中的一些细节和"心像"（自我的内心形象）来摆脱忧愁，比如：

在情绪阴郁时，尽量想象自己很快活的样子，充满信心地去做事。挺起胸，抬起头，微笑！虽然在开始时需要相当的勇气和努力，但只要你坚持做下去，就会发现这其实并不难。

忧虑的人往往变得邋遢，你应反其道而行之。服装整洁，理理发，洗个澡。

反复地说出自己的名字，给自己打气。说："这没有什么了不起！"这是一种积极有效的心理暗示术。

改变交往的对象，结识新朋友。

做自己感兴趣的事，如跑步、唱歌、听音乐等。

帮助别人，做一些公益性的事。你将会找回自我，感受到生活中有比个人的忧愁更为重要的事。

还有其他一些方法，比如"让自己忙碌"。卡耐基说，忧虑的人一定要让自己沉浸在工作里，否则只有在绝望中挣扎。

曾经有个故事，战争中，敌机把家园炸成了废墟。许多人在那里，悲痛欲绝。而唯有一名男子，默默地从废墟中捡出一块又一块砖，放到一边——这是重建家园所需要的。他的行动影响了众人，众人不再哭泣，也默默地捡起了砖。

的确，生活中我们会遇到许多次退潮，忧虑会成为生命中一时难以承受之重。要祛除这沉重，达观安然的哲学态度是一剂良方。另一剂良方就是行动，行动可以有效地转移你的注意力。这就是为什么有人在烦恼忧虑时，会去拳击馆或足球场拼命运动。行动会使你找回自信和力量，行动也会直接产生实际成果，使你备受鼓舞。

远离恐惧

恐惧是我们心灵最大的敌人，它会剥夺人的幸福与能力，使人变为懦夫；恐惧使人平庸，使人流于卑贱；恐惧使人惧怕任何东西。其实，让我们恐惧的东西并不可怕，可怕的是恐惧本身，恐惧比任何东西都可怕。

直升机在高空中盘旋，一群士兵背着跳伞的装备，站在机舱门口，准备进行他们的第一次跳伞。

从高空中向下看，所有的景物似乎都小得不能再小，树木像一根针一样细小，海中的小岛也只有石头般大而已。

从空中跳下去，命运全部维系在降落伞的一根绳索上，稍有不慎，人就会像一颗从高处落下的西瓜一样，脑袋开花。这群新兵想到这一点，不由得闭上眼睛，不敢再往下想。

气氛有点沉重，每个人连一句话都不敢多讲。不久，班长用手向站在最前面的新兵示意跳伞，但是他迟迟没有反应。看着这位新兵脸上紧张的神情，班长贴着他的耳朵，大声喊着："你怕吗？"

这位新兵迟疑片刻，看着这一双紧盯着他的眼睛，想到这也许是自己这一生所看到的最后一个画面，于是，他老老实实地点了点头，小声地说："我很害怕。"

"偷偷告诉你，我也很害怕。"班长接着说，"但是，我们一定能完成这个跳伞任务，不是吗？"

听了这句话，新兵的心情豁然开朗，原来连班长也会感到害怕，每个人都会害怕，自己又何必为此而羞愧呢？

新兵深吸一口气，从高空一跃而下，顺利地完成了首次跳伞任务。他和队友乘着风，缓缓地降落在地面上，成为一名不折不扣的伞兵。

许多年以后，新兵变成了老兵，每当率领着新兵跳伞，老兵也不忘在机舱口问一句："你怕吗？"

然后，他们会用坚定的语气告诉新兵："我也怕，但是，我们一定做得到。"

弱者的害怕是在害怕中充满疑虑；强者的害怕是在害怕中仍然充满自信。

害怕是人的正常情绪，压抑自己的害怕只会令你更加手足无措；你可以怕，但是不能输给眼前的敌人。

恐惧是一种心理疾病，是一个幻想中的怪物，一旦我们认识到这一点，我们的恐惧感就会消失。如果我们都被正确地告知没有任何臆想的东西能伤害到我们；如果我们的见识广博到足以明了没有任何臆想的东西能伤害到我们，那我们就不会再感到恐惧了。

勇敢的思想和坚定的信心是治疗恐惧的良药，它能够中和恐惧思想，如同化学家通过在酸溶液里加一点碱，就可以破坏酸的腐蚀性一样。当人们心神不安时，当忧虑正消耗着他们的活力和精力时，他们是不可能获得最佳效率的。

所有的恐惧在某种程度上都与自己的软弱和力不从心有关，因为此时他的思想意识和他体内的巨大力量是分离的。一旦他开始心力交融，一旦他重新找到了让他自己感到满意和大彻大悟的那种平和感，那么，他将真正涌起一种大无畏感。感受到和享受到这种无穷力量的福祉之后，他便不会再让心灵不安和四处游荡，再不会表现出萎靡不振的样子。

有些人整日游荡在充满各种恐惧的世界里，他们呈现出一副副布满焦虑和担忧的脸孔，似乎人生就是永恒的失意一样。这真是一件令人惋惜的事情！

恐惧虽然阻碍着人们力量的发挥和生活质量的提高，但它并非是不可战胜的。只要人们能够积极地行动起来，在行动中有意识地纠正自己的恐惧心理，那它就不会再成为我们的威胁了。

如果一个人面对令他恐惧的事情时总是这样想："等到没有恐惧心理时再来做吧，我得先把害怕退缩的心态赶走才可以。"这样做的结果只会把精神全浪费在消除恐惧感上。

在不安、恐惧的心态下仍勇于作为，是克服神经紧张的处方，能使人在行动中获得活力与生气，渐渐忘却恐惧心理。只要不畏缩，有了初步行动，就能带动第二、第三次的出发，如此一来，心理与行动都会渐渐走上正确的轨道。

处理了心情才能处理事情

法国名将拿破仑，曾统兵数百万，所到之处战无不胜、攻无不克；但是他说："我就是胜不过我的脾气！"

是的，人往往"胜不过自己的脾气"。在遇到感情挫折、情绪困扰时，就是想不开、钻牛角尖，以致怒火中烧，逼自己走上极端。可是，人必须懂得 EQ 中最重要的"情绪忍受力"，也要知道："脾气来了，福气就没了！"我们不能让自己时常处于气愤不已的状态，要懂得"让情绪换跑道"，绝不能使"情绪的癌细胞扩散"啊！

我们必须要知道，遇到冲突、生气时，一定要先处理心情，再处理事情。"凡事多思维，切勿轻易发怒"，而且，"不要急着说，不要抢着说，而是要想着说！"

毕竟，人活着，不是为"斗气"，而是要"斗志"！人活着，不是要比"气盛"，而是要比"气长"！人活着，不是要"争一时"，而是要"争千秋"！

生活中因脾气暴躁、盛怒之下恶气无法排抑而造成的悲剧比比皆是。有些失学的青少年，无所事事搞帮派，为了"抢地盘"，19 岁就把昔日同学砍死；而一名女研究生，为了博士班的男友，也把同班好友（情敌）用化学药剂害死！也有一父亲在暴怒时，一时失控，一巴掌把小女儿打成耳膜破裂，造成终生耳聋！……这些事例都表明："愤怒，是片刻的疯狂！"

我们不能让自己的情绪只有"幼儿园的程度"，我们必须学习"转念"、"少点怨恨、多点包容"、"多洒香水、少吐苦水"，让负面的思绪远离，而用乐观的正面思绪来迎接人生。

我们必须了解"人际沟通力"的重要；因为"山不需要依靠山，但是人需要依靠人"！让我们珍惜每次相遇、相处的机会，学习"给人信心、给人欢喜、给人方便"；同时，也别忘记生活不怕严厉批评，喜悦来自真心接纳！

不为内疚所控制

没有一个人是没有过失的，只要有了过失之后勇于去改正，前途依然阳光，但若徒有感伤而不从事切实的补救工作，则是最要不得的！

人很容易被负疚感左右，在人性文化中，内疚被当作一种有效的控制手段加以运用。

我们应当吸取过去的经验教训，而绝不能总在阴影下活着，内疚是对错误的反省，是人性中积极的一面，但却属于情绪的消极一面。我们应该分清这二者之间的关系，反省之后迅速行动起来，把消极的一面变积极，让积极的一面更积极。

哈蒙是一位商人，长年在外经营生意，少有闲时。当有时间与全家人共度周末时，他非常高兴。他年迈的双亲住的地方，离他的家只有一个小时的路程。哈蒙也非常清楚自己的父母是多么希望见到他和他的全家人。但他总是寻找借口尽可能不到父母那里去，最后几乎发展到与父母断绝往来的地步。不久，他的父亲死了，哈蒙好几个月都陷于内疚之中，回想起父亲曾为自己做过的许多好事情。他埋怨自己在父亲有生之年未能尽孝心。在悲痛平定下来后，哈蒙意识到，再大的内疚也无法使父亲死而复生。认识到自己的过错之后，他改变了以往的做法，常常带着全家人去看望母亲，并同母亲保持经常的电话联系。

赫莉的母亲很早便守寡，她勤奋工作，以便让赫莉能穿上好衣服，在城里较好的地区住上令人满意的公寓，能参加夏令营，上名牌私立大学。她为女儿"牺牲"了一切。当赫莉大学毕业后，找到了一个报酬较高的工作。她打算独自搬到一个小型公寓去，公寓离母亲的住处不远，但人们纷纷劝她不要搬，因为母亲为她做出过那么大的牺牲，现在她撇下母亲不管是不对的。赫莉认为他们说得对，便同意与母亲住在一起。后来她喜欢上了一个青年男子，但她母亲不赞成她与他交朋友，她和母亲大吵一番后离家出走了，几天后听人们说母亲因她的离家而终日哭泣，强有力的内疚感再一次作用于赫莉。她向母亲让步了。几年后，赫莉完全处于她母亲的控制之下。到最终，她又因负疚感造成的压抑毁了自己，并因生活中的每一个失败而责怪自己和自己的母亲。

在过错发生之后，要及时走出感伤的阴影，不要长期沉浸在内疚之中痛定思痛，让身心备受折磨，过去的已经过去，再内疚也于事无补，要拾起生活的勇气，昂扬奔向明天。

控制好自己的欲望

现今的社会是一个科技发达、物资丰富、竞争激烈的社会，我们心中的欲望常被挑逗得像是看见红色斗篷的斗牛。他人暴富的经历，让我们血脉膨胀，跃跃欲试；时尚名牌漫天飞，哪能心如止水；美女香车招摇过，心早已蠢蠢欲动；更不能忍受的是别墅洋房的诱惑……因此，太多的时候，我们会被世上的名利、金钱、物质所迷惑，心中只想得到，只想将喜欢的统统收归己有，而不想舍弃。于是心中就充满了矛盾、忧愁、不安，心灵上就会承受很大的压力，以至于活得很累。

据说上帝在创造蜈蚣时，并没有为它造脚，但是它仍可以爬得像蛇一样快。有一天，它看到羚羊、梅花鹿和其他有脚的动物都跑得比自己快，心里很不高兴，便嫉妒地说："哼！脚多当然跑得快。"于是它向上帝祷告说："上帝啊，我希望拥有比其他动物更多的脚。"

上帝答应了蜈蚣的请求，他把好多好多的脚放在蜈蚣面前，任凭它自由取用。蜈蚣迫不及待地拿起这些脚，一只一只地往身体上粘，从头一直粘到尾，直到再也没有地方可粘了，它才依依不舍地停止。

它心满意足地看着满是脚的躯体，心中暗暗窃喜："现在我可以像箭一样地飞出去了！"但是等它开始要跑时，才发觉自己完全无法控制这些脚。这些脚噼里啪啦地各走各的，它非得全神贯注，才能使一大堆脚顺利地往前走。这样一来它反而比以前走得更慢了。

一批又一批人前赴后继地把自己绑上欲望的战车，纵然气喘吁吁也不愿歇脚。不断膨胀的物欲、工作、责任、人际、金钱几乎占据了现代人全部的空间和时间，许多人每天忙着应付这些事情，几乎连吃饭、喝水、睡觉的时间都没有。

人不能没有欲望，没有欲望就没有前进的动力；但人却不能有贪欲，因为，贪欲是无底洞，你永远也填不满它，贪欲只会给你带来无穷无尽的烦恼和麻烦。

在现代社会，如何控制好自己心中的欲望，不仅关系到脚下的人生，更关系到我们每日的心情。生命属于个人，每个人有权设计自己的生活和人生道路。所有的心愿，只要符合法律和道德的要求，都应该受到尊重。但是我们必须明白：生命的过程中，一切物质及肉体都是不可靠的奴仆，想让自己的人生得以升华，就必须放下这些本性之外的东西，去追求生活本身的淳朴，这样才能活得惬意，活得洒脱。

拆除冷漠的心墙

一位建筑大师阅历丰富，一生杰作无数，但他自感最大的遗憾就是把城市空间分割得支离破碎，而楼房之间的绝对独立则加速了都市人情的冷漠。大师准备过完 65 岁寿辰就封笔，而在封笔之作中，他想打破传统的设计理念，设计一条让住户交流和交往的通道，使人们不再隔离，而充满大家庭般的欢乐与温馨。

一位颇具胆识和超前意识的房地产商很赞同他的观点，出巨资请他设计。图纸出来后，果然受到业界、媒体和学术界的一致好评。

然而，等大师的杰作变为现实后，市场反应却非常冷漠，乃至创出了楼市新低。

房地产商急了，急忙进行市场调研。调研结果出来后，让人大跌眼镜：人们不肯掏钱买这种房的原因竟然是嫌这样的设计使邻里之间交往多了，不利于处理相互间的关系；在这样的环境里活动空间大，孩子们却不好看管；还有，空间一大，人员复杂，对防盗之类人人担心的事十分不利……

大师没想到自己的封笔之作会落得如此下场，心中哀痛万分。他决定从此隐居乡下，再不出山。临行前，他感慨地说："我只认识图纸不认识人，是我一生最大的败笔。"

其实，我们可以拆除隔断空间的砖墙，但谁能拆除人与人之间厚厚的心墙呢？

心墙不除，人心就会因为缺少氧气而枯萎，人就会变得忧郁、孤寂。

爱是医治心灵创伤的良药，爱是心灵得以健康生长的沃土。爱，以和谐为轴心，照射出温馨、甜美和幸福。爱把宽容、温暖和幸福带给了亲人、朋友、家庭和社会。无爱的社会太冰冷，无爱的荒原太寂寞。爱能打破冷漠，让尘封已久的心重新温暖起来。

在与人交往时，将你的心窗打开，不要吝啬心中的爱，因为只有爱人者才会被爱。当你陷入困境时，你会得到许多充满爱心的关怀和帮助。

甩掉你的坏习惯

人是一种习惯性的动物。无论我们是否愿意，习惯总是无孔不入，渗入我们生活的方方面面。很少有人能够意识到，习惯的影响力竟然如此巨大。

有调查表明，人们日常活动的 90% 源自习惯和惯性。想想看，我们大多数的日常活动都只是习惯而已！我们几点起床、怎么洗澡、刷牙、穿衣、读报、吃早餐、驾车上班，等等，一天之内上演着几百种习惯。然而，习惯还并不仅是日常惯例那么简单，它的影响十分深远。如果不加控制，习惯将影响到我们生活的方方面面。

小到啃指甲、挠头、握笔姿势以及双臂交叉等微不足道的事，大到一些关系到身体健康的事，比如：吃什么、吃多少、何时吃、运动项目是什么、锻炼时间长短、多久锻炼一次，等等。甚至我们与朋友交往，与家人和同事如何相处都是基于我们的习惯。说得再深一点，甚至连我们的性格都是习惯使然。

习惯的作用是如此之大，想改变它不是件容易的事情。

一天，一位睿智的教师与他年轻的学生一起在树林里散步。教师突然停了下来，并仔细看着身边的四株植物：第一株植物是一棵刚刚冒出土的幼苗；第二株植物已经算得上挺拔的小树苗了，它的根牢牢地盘踞到了肥沃的土壤中；第三株植物已然枝叶茂盛，差不多与年轻学生一样高大了；第四株植物是一棵巨大的橡树，年轻学生几乎看不到它的树冠。

老师指着第一株植物对他的年轻学生说："把它拔起来。"年轻学生用手指轻松地拔出了幼苗。

"现在，拔出第二株植物。"

年轻学生听从老师的吩咐，略加力量，便将树苗连根拔起。最后，树木终于倒在了筋疲力尽的年轻学生的脚下。

"好的，"老教师接着说道，"去试一试那棵橡树吧。"

年轻学生抬头看了看眼前巨大的橡树，想到自己刚才拔那棵小得多的树木时已然筋疲力尽，所以他拒绝了教师的提议，甚至没有去做任何尝试。

"我的孩子，"老师叹了一口气说道，"你的举动恰恰告诉你，习惯对生活的影响是多么巨大啊！"

故事中的植物就好像我们的习惯一样，根基越雄厚，就越难以根除。的确，故事中的橡树是如此巨大，就像根深蒂固的习惯那样令人生畏，让人惮于去尝试改变它。值得一提的是，有些习惯比另一些习惯更难以改变。这一点，不仅坏习惯如此，好习惯也不例外。也就是说，好习惯一旦养成了，它们也会像故事中的橡树那样，牢固而忠诚。在习惯由幼苗长成参天大树的过程中，习惯被重复的次数越来越多，存在的时间也越来越长，它们也越来越像一个自动装置，越来越难以改变。

甩掉坏习惯的要诀是代之以好习惯。这样的改变往往在一个月内就可完成。办法如下：

1. 选择适当时间

事不宜迟，想改变习惯而又一再地拖延，不会有好的效果。选择一个轻松闲适的时间多尝试几次，会使坏习惯向好习惯转化。

2. 运用意愿力而非意志力

习惯所以形成，是因为潜意识把这种行为跟愉快、慰藉或满足联系起来。潜意识不属于理性思考的范畴，而是情绪活动的中心。"这种习惯会毁掉你的一生。"理智这样说，潜意识却不理会，它"害怕"放弃一种一向令它得到安慰的习惯。运用理智对抗潜意识，简直难以制胜。因此，要戒掉恶习，意志力不及意愿力有效。

3. 找个替代品

培养一种新的好习惯，破除坏习惯就会容易得多。

有两种好习惯特别有助于戒除大部分的坏习惯。第一种是采用一个有营养和调节得宜的食谱。情绪不稳定使人更依赖坏习惯所带来的慰藉，所以，多吃营养品，防止因不良饮食习惯而造成血糖时升时降，有助于稳定情绪。

第二种是经常做适度运动。这不仅能促进身体健康，也会刺激脑啡——脑内一种天然类吗啡化学物质——的产生。近年科学研究指出，缓步跑的人所以感受到自然产生的"奔跑快感"，全是脑啡的作用。

4. 按部就班

一旦决定改变习惯，就拟订当月的目标。要切合实际，善于利用目标的"吸引力"。如果目标太大，就把它化整为零。达成一项小目标时不妨自我奖励一下，借以加强目标的吸引力。

5. 切勿气馁

成功值得奖励，但失败也不必惩罚。在改变习惯的时间内如果偶有失误，不要引咎自责或放弃。一次失误不见得是故态复萌。

比尔·盖茨指出，人们往往认为，重拾坏习惯的强烈愿望如果不能达到，终会成为破坏力量。然而只要转移注意力，即使是几分钟，那种愿望也会消散，而自制力则会因此加强。

避免重染旧习比最初戒掉时更困难。但是如果你能够把新形象维持得越久，就越有把握不重蹈覆辙。

第五章

首先认清自己

一切抉择都要从自身实际出发。尼采曾经说过："聪明的人只要能认识自己，便什么也不会失去。"正确认识自己才能信心百倍，精神抖擞；正确认识自己才能选你所选，爱你所爱，不至于让人生的航船迷失方向！

正确认识自己

一只狐狸早晨起来欣赏着自己在晨曦中的身影说："今天我要用一只骆驼做午餐呢！"整个上午，它奔波着，寻找骆驼。但当正午的太阳照在它的头顶时，它再次看了一眼自己的身影，于是说："一只老鼠也就够了。"狐狸之所以犯了两次截然不同的错误，与它选择"晨曦"和"正午的阳光"作为镜子有关。晨曦不负责任地拉长了它的身影，使它错误地认为自己就是万兽之王，并且力大无穷、无所不能，而正午的阳光又让它对着自己已缩小了的身影妄自菲薄。

在现实生活中，像狐狸这种心态的大有人在，对自己认识不足，过分强调某种能力，或者无根无据承认自己无能。这种情况下，千万别忘记上天为我们准备了另外一面镜子，这块镜子就是"反躬自省"4个字，它可以照见落在心灵上的尘埃，提醒我们"时时勤拂拭"，使我们认识真实的自己。

尼采曾经说过："聪明的人只要能认识自己，便什么也不会失去。"正确认识自己，才能使自己充满自信，才能使人生的航船不迷失方向。正确认识自己，才能正确确定人生的奋斗目标。只有有了正确的人生目标，并充满自信，为之奋斗终生，才能获得你想要的成功。

世界上没有两片完全相同的树叶，人也一样，每个人都是上天的宠儿。正确认识自己，既看到自己的长处，也认识到自己的不足，为自己正确定位，这样才能自信地去迎接机遇和挑战，为自己创造更多的成功和欢乐。

虽然，生活赋予我们每个人的并不是完全相同的阳光雨露，但上天是无私的，天生我才必有用，只要我们正确认识自己，不失自知之明，就能谱写出属于自己的华美乐章。

认清生命的价值

虽然每个人对成功的定义都不一样，但对一般人来说无非包括四个方面：金钱、爱情、健康和事业。四大板块犹如四根柱子撑起了成功的人生。

事业是人一生都要追求的目标，也是人安身立命的基本。一个找不到自己应该追求的事业的人是可悲的。

你追求的事业，应该是你自己最感兴趣的，它不仅能够带给你金钱和地位，而且能带给你无穷的乐趣和满足感。

金钱是每个人都渴望得到的东西。金钱虽然不是万能的，但是没有金钱却是万万不行的；君子爱财，取之有道。

美好的爱情是人生最和谐的乐章，拥有爱情和事业的人是最幸福的人，追求事业成功和追求爱情幸福同等重要。

除了事业、金钱、爱情之外，你还必须关注自己的健康，只有身体健康了，你才能经营事业、运营事业、专营爱情。

当然，就如同人有一定的寿命一样，我们的工作似乎也有一定的寿命。但是，如果因此认为努力也没有意义而放弃工作，就如同一个人认为总有一天会死，便自暴自弃一样。与其这样，倒不如在生命达到顶端之前，就拿出来自己的全部精力，积极投入到工作之中去。

只有持有这种态度的人，才能够安心，并为自己开拓出一个明朗的人生。

为了认清生命的价值，我们应该经常进行沉思和反省。

事实上，因为现实生活中要面对、要解决的事情实在是太多了，所以

65

我们通常很难有时间冷静地思索自己的所作所为，这就要求我们能够自动自觉地给自己一点时间和空间，在合适的时候寻找一个合适的地点，静下心来思考一番。

凡事都要求合理化、迅速化，但越是这样要求，就越需要我们有静思的时刻。这是人之常情，也是人类的本能。所以，如果我们不适当地抑制这种感情，就会使自己的身体或生活趋于异常。

你可以在晚上睡觉之前，坐在床头静静地反省这一天。不论用什么方法，总要安排这样的时间，把一天做个小结，这样才能安心，从而激起对明天新的希望及奋发的精神。

活着不为给别人看

有个人上进心很强，一心一意想升官发财，可是从年轻熬到年老，却还只是个基层办事员。这个人为此极不快乐，感觉自己活得很失败，每次想起来就掉泪，有一天竟然号啕大哭起来。

一位新同事刚来办公室工作，觉得很奇怪，便问他到底因为什么难过。他说："我怎么能不难过呢？年轻的时候，我的上司爱好文学，我便学着作诗、写文章，想不到刚觉得有点小成绩了，却又换了一位爱好科学的上司。我赶紧又改学数学、研究物理，不料上司嫌我学历太浅，不够老成，还是不重用我。后来换了现在这位上司，我自认文武兼备，人也老成了，谁知上司喜欢青年才俊，我……我眼看年龄渐高，就要被迫退休了，一事无成，怎么可能不难过呢？"

可见，没有自我的生活是苦不堪言的，没有自我的人生是索然无味的，丧失自我是悲哀的。要想拥有美好的生活，自己必须自强自立，拥有良好的生存能力。没有生存能力又缺乏自信的人，肯定没有自我。一个人若失去自我，就没有做人的尊严，就不能获得别人的尊重。

活着应该是为充实自己，而不是为了迎合别人。没有自我的人，总是考虑别人的看法，这是在为别人而活着，所以活得很累。有些人觉得：老实巴交吧，会吃亏，被人轻视；表现出格吧，又引来责怪，遭受压制；甘愿瞎混吧，实在活得没劲；有所追求吧，每走一步都要加倍小心。家庭之间、同事之间、上下级之间、新老之间、男女之间……天晓得怎么会生出那么多是是非非。你和新来的女同事有所接近，有人就会怀疑你居心不良；你到某领导办公室去了一趟，就会引起这样或那样的议论；你说话直言不讳，人家必然感觉你骄傲自满，目中无人；如果你工作第一，不管其他，人家就会说你不是死心眼太傻，就是权欲野心……凡此种种飞短流长的议论和窃窃私语，可以说是无处不生，无孔不入。如果你的听觉视觉尚未失灵，再有意无意地卷入某种漩涡，那你的大脑很快就会塞满乱七八糟的东西，弄得你头昏眼花，心乱如麻，岂能不累？

我们无法改变别人的看法，能改变的仅是我们自己。想要讨好每个人是愚蠢的，也是没有必要的。与其把精力花在一味地去献媚别人，无时无刻地去顺从别人，还不如把主要精力放在踏踏实实做人上，兢兢业业做事，刻苦学习。改变别人的看法总是艰难的，改变自己却是容易的。

有时自己改变了，也能恰当地改变别人的看法。太在乎别人随意的评价，自己不努力自强，人生只会苦海无边。别人公正的看法，应当作为我们的参考，以利修身养性；别人不公正的看法，不要把它放在心上，以免影响我们的心情。如此一来，我们就不会对别人的看法耿耿于怀，而能够按照自己的意愿去生活了。

过则勿惮改

在社会生活和社会实践中，人们每日每时都要处理许多大大小小的事情。但是，要么由于经验不足、情势不明，要么有意无意地把事情弄成僵局，甚至招致失败，犯下这样或那样程度不同的过失和错误，害己殃人。错误和过失是客观存在的，这也是可以理解的人之常情。

对待过失和错误，正确的态度应该是像孔子所言，"过则勿惮改"，就是说要勇于改过。因为"过而不改，是谓过矣"。可见，孔子非常重视"改过"的行为。《史记·孔子世家》说："君子有过则谢以质，小人有过则谢以文。"意思是说，君子能认识错误，承认错误，态度诚恳；小人对自己的错误，则往往虚伪地掩饰，这就是人们常说的"文过饰非"。这种掩饰过失和错误的态度本身就是一种错误。

《史记·廉颇蔺相如列传》记载了战国时赵国名将廉颇负荆请罪的故事，"负荆请罪"这一成语也家喻户晓。廉颇处世，起初缺乏全局观念，计较个人名利，意气用事，与蔺相如比职位高低，并散布闲言中伤他，这是廉颇的过失。而蔺相如识大体，顾大局，不计个人恩怨得失，甘愿忍受屈辱，不与廉颇争锋，表现了他的宽宏大量和高尚品格，深受人们的赞扬。然而，廉颇负荆请罪也同样被传为佳话。他虽有过失，但当他认识了错误之后，能坚决改正，这就说明他不仅是战场上的猛将，而且是生活中的勇士。要知道，改过是需要勇气的，更何况他是一位名将。毫无疑问，廉颇的精神，同样值得颂扬。

从廉颇与蔺相如的故事中，可以看出，知过能改需要有两个最基本的条件：一是要"自知"，自己的所作所为经过反省之后，感到自己真是错了，而不仅仅是别人的指责。知错是一种自觉的行动，严刑之下只有屈服，却谈不上信服。二是要"虚心"，世界上许多事情，往往是当局者迷，旁观者清。当局者经过他人指出错误，反省领悟，进而改正。这多表现在古代帝王身上，他们有过失时，一些正直的大臣们敢于冒险进谏，直言不讳、阐明利害，使他们从迷惘中觉悟过来。

我们需要树立"过则勿惮改"的人生态度。可以这样说，"闻过则喜，闻过则改"是一种有益于自身修养不断提高，有益于改正过失，避免今后再犯的美德，它体现了人的理智和胸怀，是一种不断完善自我、激励上进的处世之道。

保持自己的特质

有些人，在智商方面可能并没有什么超常的地方，但借助"上帝之手"，他们总有某个特质是超出常人的。这种时候，只有使这些能让自己成就大事的特质得到充分的发挥，人才有可能成长并且走向成功的道路。

每个人在给自己定位或者确定方向的时候，总会受到外界这样或者那样的影响，其中包括父母长辈的期望。在这种情况之下，一个人就容易受外在事物的影响，不遵从自身特质的指引，走上一条受他人影响、甚至由别人指定的道路。对于任何人而言这都是一种悲哀。每个人遇到这种情况时，都应该坚持，坚持自己的特质。

这里有诺贝尔奖获得者杰拉德斯·图夫特的一段话，他的成长经历在杰出人士这一群体中就很具有代表性。

当杰拉德斯·图夫特还是一个8岁的小男孩时，一位老师问他："你长大之后想成为怎样的人?"他回答:"我想成为一个无所不知的人,想探索自然界所有的奥秘。"图夫特的父亲是一位工程师,因此想让他也成为一名工程师,但是他没有听从。"因为我的父亲关注的事情是别人已经发明的东西,我很想有自己的发现,创做出自己的发明。我想了解这个世界运作的道理。"正是有着这样的渴求,当其他孩子正在玩耍或者在电视机前荒废时光的时候,小小的图夫特就在灯前彻夜读书了。"我对于一知半解从来不满足,我想知道事物的所有真相。"他很认真地说。

图夫特告诫我们要保持自我:"最重要的是一定要决定你要走什么样的道路。你可以成为一名科学家,可以去做医生,但是一定要选择你的道路。世界上没有完全相同的两个人,这就是人类能够取得各种各样成就的原因。所以没有必要来强迫一个人去做他不感兴趣的工作。如果你对科学感兴趣,你要尽量找一些好的老师,这点非常重要。即使是这样,你也不一定就会获得诺贝尔奖,这些事情是可遇而不可求的,你不能过于注重结果,你不要期望一定能取得什么样的成就。如果你真正地投入到一个领域当中,倘若那不是你想要得到的,那么你也不能从中发现真正的乐趣。"这话深刻地揭示了保持自己的特长,让自己前行的道路能够顺应自己固有的特质延伸,对于杰出人士的成长,可谓是至关重要。

德塞纳维尔是别人眼里一无是处的庸才。但他总觉自己有点与众不同的地方。有一天,他脑子里飘起一段曲调,他便将它大致哼出来,并用录音机录了下来,请人写成乐谱,名为《阿德丽娜叙事曲》。阿德丽娜正是他的大女儿。曲子谱好后,就在罗曼维尔市找了一个游艺场的钢琴演奏员为之录音。这个演奏员毫无名气,穷酸得很。德塞纳维尔给他取了个艺名,叫理查德·克莱德曼……这一演奏在音乐界引起了轰动,唱片在全世界一下子卖了 2600 万张,德塞纳维尔轻而易举地发了财。他说:"我不会玩任何乐器,也不识乐谱,更不懂和声。不过我喜欢瞎哼哼,哼出些简单的大众爱听的调儿。"

德塞纳维尔只作曲,不写歌,他的曲子已有数百首,并且流行全球。

20 年来，德塞纳维尔靠收取巨额版税，腰缠万贯。

成功人士都是这样，保持特质，最后他们得到了一片蓝天。

管好另一面

"非常对不起！"当他的朋友因为他做了一些稀奇而又愚蠢的事情而责备他的时候，巴乔总会这样说，"不是我，你知道，不是我做的。"

"是马利做的，"他解释说，"我把我自身无法控制的一半称为马利。我是那精明、实际而又谨慎的一半，他则是天马行空的一半。我的另一半做了什么，我本不该管，但他总是拖我下水。"

唉，我们所有的人都知道自己有另一半，但却不知道该怎样称呼他。我们总是无助地问自己："我为什么会说这样愚蠢的话呢？我为什么会做这样愚蠢的事情呢？"

"我不是故意的，妈妈，我没法控制自己。"当母亲因为淘气而责骂她的时候，一个小女孩这样说。我们在面临压力甚至在毫无理由的情况下，也经常会出现这样的情况。

当一个人心情不好、无法正常思考和行事时，都会做出一些出乎别人意料的事情。人们甚至会觉得，主宰自己的不是自己一个人，而是两个人、三个人轮流主宰。

我们的思想里好像有一个淘气的小家伙，促使我们做一些与自己性格不符的事情，令我们很难过。

很少有人故意地去做这样的事情，它们都是突然出现的。人们总是在做了一件圆满的事情后，由于自己的夸耀而前功尽弃。

人们可能会问，人为什么总是有这种莫名的冲动呢？其实这是一种我们每个人都有的虚荣。

通常情况下，这种冲动都很温和，没有什么坏处，除非它深深地植根于我们的思想之中，成为我们思想的一部分。如果这样的话，那后果就会很严重了。

谁愿意把自己最差的一面烙在别人的印象里呢？让我们好好地看管好这个淘气的小家伙吧，否则我们就会走上邪路！

做真实的自我

有一只小鹿，在森林里与那些跟它一样弱小的动物们生活在一起。平时它们都集体外出，走路都格外小心，就连吃草的时候也还得随时东张西望，提心吊胆地警惕着猛兽的侵袭。

小鹿觉得自己活得太委屈了，自己要是能像虎豹那样威风该多好。

一次，小鹿独自走到森林边上，忽然发现地上有一张虎皮，也不知是哪一位猎人丢下的。开始，小鹿还有些害怕，不敢上前去捡那张虎皮。

几经犹豫后，小鹿壮了壮胆，拾起了虎皮，它觉得挺有趣的。突然它灵机一动：要是我穿上这身虎皮，不也会很威风吗？谁会发现我是一只假虎呢？于是，小鹿把虎皮披在自己身上，在森林里走着。

当小鹿走到自己的住地的时候，那些和自己一样弱小的动物突然看到"老虎"来了，都吓得跑的跑、躲的躲，四处逃窜。小鹿见此情景，心里觉得自己真是很了不起。现在，自己再也不用提心吊胆地过日子了，小鹿一边这样想着，一边向一片草地走去。

小鹿停在草地上，原来那些伙伴都不认识它了，一个个离它离得远远的。于是，披着虎皮的小鹿自由自在地在草地上吃起草来。

正当小鹿香喷喷嚼着青草的时候，一只恶狼朝它走来。披着虎皮的小鹿猛地吓得浑身颤抖起来，那只本来已停下脚步、迟疑不前的恶狼觉得有些莫名其妙，他开始仔细观瞧这只"老虎"。

是恶狼已看出这是一只假虎吗？显然不是。只是鹿自己清楚自己的底细，它一辈子都是豺狼虎豹的口中食，一见到这些猛兽就会胆战心惊，以至于它此刻已完全忘了自己还披着老虎皮。自作聪明、玩火自焚的小鹿最终成为恶狼的腹中物。

徒有虚假外表而无真正本领的人，是经不住实践检验的，一旦让他们面对考验，空虚的内心很快便使他们败下阵来。很多人平时总是爱吹牛，可一到真刀真枪上，就原形毕露了。所以，千万不要让内心膨胀起来，而要做个真实的自我，否则，将来有你痛哭的时候。

时刻都自省

有一个人向一位老人抱怨说自己很努力却总不能成功："我每天都在拼命地工作、工作，一刻也没闲着。"老人微笑着问他："那么你用什么时间来反省和总结自己呢？"

正如成功多是内因起作用一样，失败也多是自己的缺点引起的。一个人必须懂得不断反省和总结自己，改正自己的错误，才不会老在原处打转或再被同一块石头绊倒，才可以走出失败的怪圈，走向成功的彼岸。

人为什么要自省？这里有两个方面的原因。

一个是主观原因。人都不可能十全十美，总有个性上的缺陷、智慧上的不足，而年轻人更缺乏社会历练，因此常会说错话、做错事、得罪人。

另一方面是客观原因。现实生活中，很多人是只说好话，看到你做错事、说错话、得罪人也故意不说，因此这就更需要你自己通过反省来了解自己的所作所为。

能够时时审视自己的人，一般都很少犯错，因为他们会时时考虑：我到底有多少力量？我能干多少事？我该干什么？我的缺点在哪里？为什么失败了或成功了？

这样做就能轻而易举地找出自己的优点和缺点，为以后的行动打下基础，所以具有自省意识就显得非常重要。

培养自省意识，首先得抛弃那种"只知责人，不知责己"的劣根性。当面对问题时，人们总是说："这不是我的错。""我不是故意的。""没有人不让我这样做。""这不是我干的。""本来不会这样的，都怪……"这些话是什么意思呢？

"这不是我的错"是一种全盘否认。否认是人们在逃避责任时的常用手段。当人们乞求宽恕时，这种精心编造的借口经常会脱口而出。

"我不是故意的"则是一种请求宽恕的说法。通过表白自己并无恶意而推卸掉部分责任。

"没有人不让我这样做"表明此人想借装傻蒙混过关。

"这不是我干的"是最直接的否认。

"本来不会这样的，都怪……"是凭借扩大责任范围推卸自身责任。

找借口逃避责任的人往往都能侥幸逃脱。他们因逃避或拖延了自身错误的社会后果而自鸣得意，却从来不反省自己在错误的形成中扮演了什么角色。

为了免受谴责，有些人甚至会选择欺骗手段，尤其当他们是明知故犯的时候。这就是所谓"罪与罚两面性理论"的中心内容，而这个论断又揭示了这一理论的另一方面。当你明知故犯一个错误时，除了编造一个敷衍他人的借口之外，有时你会给自己找出另外一个理由。

其次，培养自省意识，就得养成自我反省的习惯。我们每天早晨起床后，一直到晚上上床睡觉前，不知道要照多少次镜子；这个照镜子，就是一种自我检查，只不过是一种对外表的自我检查。相比之下，对本身内在的思想做自我检查,要比对外表的自我检查重要得多。可是,我们不妨问问自己:你每天能做多少次这样的自我检查呢?

我们不妨设想一下,如果某一天我们没有照镜子,那会是一种什么结果呢?也许,脸上的污点没有洗掉;也许,衣服的领子出了毛病……总之,问题都没有发现,就出了门。可是,我们如果不对内在的思想做自我检查,那么,我们就可能是出言不逊也不知道,举止不雅也不知道,心术不正也不知道……那是多么得可怕!

我们不妨养成这样一个习惯——就是每当夜里刚躺到床上的时候,都要想一想自己今天的所作所为。有没有不妥当的地方。每当出了问题的时候,首先从自己这个角度做一下检查,看看有什么不对;而且,还要经常地对自己做深层次、远距离的自我反省。

最后,培养自省意识,就得有自知之明。就像最有可能设计好一个人的就是他自己,而不是别人一样,最有可能完全了解一个人的就是他自己,而不是别人。但是,正确地认识自己,实在是一件不容易的事情。不然,古人怎么会有"人贵有自知之明"、"好说己长便是短,自知己短便是长"之类的古训呢?

自知之明不仅是一种高尚的品德,而且是一种高深的智慧。因此,你即便能做到严于责己,即便能养成自省的习惯,但并不等于说能把自己看得清楚。就以对自己的评价来说,如果把自己估计得过高了,就会自大,看不到自己的短处;把自己估计得过低了,就会自卑,自己对自己缺乏信心;只有估准了,才算是有自知之明。

很多人经常是处于一种既自大又自卑的矛盾状态。一方面,自我感觉良好,看不到自己的缺点;另一方面,却又在应该展现自己的时候畏缩不前。对自己的评价都如此之难,如果要反省自己的某一个观念,某一种理论,那就更难了。

好好爱自己

我们被要求像爱自己一样爱自己的邻人。

这种要求似乎是说："你要好好爱自己，然后以同样的方式爱他人。"但这也说明我们应该先爱自己，否则这句话就变得没有任何意义了。

可是，我们真的时时刻刻都在爱自己吗？抑或只在自己最好的时候爱自己？难道我们不是时常蔑视自己吗？我们难道不是有时对自己感到厌倦甚至憎恨吗？

爱自己可能有些自私，但是爱别人又何尝不自私呢？温柔的母亲们总是自私地爱自己的孩子，以至于把孩子变得一样自私。

莎士比亚告诉我们："自爱远没有自我忽视丑恶。"一个人耕种一块田地，收获了麦子，当饥饿的邻居眼巴巴地站在一边时，他会把所有麦子都自己吃掉。这样的情形已经够差劲了。但是，根本不去耕种土地，任其荒芜，岂不是更坏，因为这意味着，不管是邻居还是自己都要挨饿。人生的第一要务是养活自己，丰富自己的生命，这是根本，否则不但自己一事无成，也无法服务于他人。

我们首先应该爱自己，然后才能以同样的方式爱别人。爱自己、忠实于自己，这是人格的基础。

如果一个人失去了自我认知，他就会迷失，就不会有任何建树。我们有什么样的道德水准，就会以什么样的方式去帮助别人。我们能为别人提供什么样的帮助，取决于我们是什么样的人。

我们仔细思考就会发现：我们只要做到最好，与自己为友就可以了。

深层次地挖掘思想

你是谁？你从事什么工作？你是一个男人还是一列队伍？你是一个女人还是一位烈士？

这些问题听起来似乎很奇怪。但实际情况是，我们不只是一个人生活在这个世界上，周围还有很多人，总是有一个杂乱的人群在我们身边。我们的思想里混杂着别人的思想，每个人都有自己独特的特点和能力。我们的名字意味着"群体"。

人是一个完整的生物，有自己的社会责任。我们每个人都同时具有数种人格，都希望与他人和平相处，却不时与他人发生战争。我们都想完全清楚地知道自己在做什么，并且知道自己行为的动机。

正如霍姆斯博士所说的，我们就好像一个挤满了人的公共汽车，车里的人们总是非常忙乱。车里的每个人都希望汽车按自己的方向行驶，但这马上会招来很多人的反对。一会儿是这个长辈发言，一会儿是那个长辈发言，他们都想要求车辆按照自己的意愿行驶。开多快，开多远，开到哪里，都必须按照他们的意愿。所以，车里就显得非常混乱。

如果我们更深层次地挖掘自己的思想，我们就会发现，自己的思想有各种各样不同的层次，有的层次像野兽，有的层次像孩子，有的层次像野蛮人，有的层次则属于文明社会。有些时候我们的行为像一头猪或者一只狐狸，有些时候像一个易怒的孩子，有些时候则像一个野蛮的人。我们总是倾向于去做那些可笑、愚蠢甚至可怕的事情。

这种说法起初会使我们有些无法接受，但是它确实可以帮助我们了解自己和他人。它可以使我们变得更加有耐心，对他人有更多的怜悯之心和同情之心。我们总是做一些令自己也无法容忍的事情，而做完之后又搞不清自己行为的动机。

很少有人有固定的性格，我们只不过是在朝着某种性格的方向去努力。我们是否能完全获得这种性格，取决于哪种东西能把我们集合在一起。如果不能进行自我努力和与他人协作，我们只能面临破产的境地。同时，我们还必须在自己和他人身上找到维系我们之间关系的纽带，只有这条纽带才能给我们带来和平与团结。

缺点不是障碍

人没有完美的，总会有这样或那样的缺点。缺点是否会成为成功路上的障碍，关键是要看要成就什么样的事业。想成为万人瞩目的政治领袖吗？就需要具有富兰克林那样的勇气，检视自己的缺点，并与之进行坚持不懈的斗争，直到胜利为止。

克劳兹是美国某企业总裁，他奋斗了8年让企业的资产由200万美元发展到5亿美元。2005年他去华盛顿领取了当年国家蓝色企业奖章。这是美国商会为奖励那些战胜逆境的中小企业而颁发的，那年只颁发了6枚奖章。

克劳兹可以算是一个成功的企业家了，可他的心中却有一个难言之隐，他将它深深藏在心里已经很多年了。白天克劳兹应接不暇地处理对外事务，好像是忙得没有时间去阅读邮件和文件。很多文件由公司的管理人员白天就处理好了，白天遗留下来的文件，到了晚上，由他的妻子莱丝帮助他处理，他的下属对他无法阅读这件事一直一无所知。

克劳兹的痛苦起源于童年。当时他在内华达的一个小矿区里上小学。

"老师叫我笨蛋，因为我阅读困难。"他说。他是整个学校里最安静的小孩，总是默默地坐在教室的最后一排。他天生有阅读障碍，老师又责骂他，他在学校的学习变得更艰难了。1963 年，他从高中勉强毕业，当时他的成绩主要是 C、D 和 F（A 是最高等级）。高中毕业后，克劳兹搬到了雷诺市，用 2000 美元的本金开了一家小机械商店。经过不懈的努力，1997 年他已经成功开了 5 个分店，资产超过了 2 亿美元。今天他的企业已经成为所在行业的佼佼者，公司每年至少有 1500 万美元的利润。

克劳兹害怕受到那些大多是大学毕业的首席执行官们的嘲笑和轻视。但是，他没想到他得到的是更多的支持和鼓励。"这使我更加佩服他获得的成功，这加深了我对他的敬意。"约斯特说。另外，当克劳兹告诉他的雇员他不会阅读的时候，也赢得了雇员们的尊重。克劳兹说："自从我下决心让每个人都知道这件事以来，我心里轻松了许多。"

从那以后，克劳兹聘请了一名家庭教师为他做阅读辅导。克劳兹最近正在读一本管理方面的书。他在所有他不认识的单词下面画线，然后去查字典，读得很慢。他希望有一天他能像他妻子那样可以迅速地读完办公桌上所有的文件和信函。更重要的是，他希望他的故事能鼓励其他正在学习阅读的人。

"有缺点没有什么可羞愧的，然而，如果明知自己有缺点却不做任何改进，那就变成一种耻辱了。"自己不去正视缺点，它将永远是缺点。克服它、战胜它的过程也是优点凸现的过程。

突破自我

有一天，动物们在森林里联欢，突然间一只猴子跑出来跳舞，动物们看到它的舞姿都赞不绝口。

一只坐在角落里的骆驼，看到这样的情况，心里非常羡慕。骆驼心想："我也想个办法，让大家称赞我一番。"

于是，骆驼就站起来大声说："各位，请安静一下，我要跳一曲骆驼舞给大家看。"动物听了都很兴奋，睁大眼睛看着。

骆驼鞠躬之后，开始摇摆身体，它滑稽、丑陋的舞姿，不仅没有获得动物的赞美，反而引来大家哄堂大笑。

骆驼觉得很难为情，就偷偷地溜出森林躲起来了。

模仿可以分两种，一种是愚昧无知、不用大脑、东施效颦式的模仿，另一种类型的模仿是智慧型的模仿，即在模仿的时候发挥自己的创造力。一个人如果没有创新精神，事事模仿别人，就无法充分发挥自己的创造力，更不能发展自己身上独特的潜质。

文新是某杂志社的编辑，每天她都可以收到作者的来稿，大量来稿中除了名不见经传的新人作品，还有许多名家稿件。名家稿件毕竟是名家稿件，那种挥洒俊逸的风格让人爱不释手。她就常常将一位北京的知名青年诗人的散文原封不动地给编上去，而他的稿件在总编那里也总能顺利通过。他也的确名副其实，优美的文笔和细腻的情感，使他成为许多少年读者心目中的白马王子。

但有一次，当她将那位诗人的一篇文章编上去后，却被总编给刷了下来。总编退稿的理由很简单：我们发他这种风格的文章太多了。

文新心中很是不服，总编说："你难道没有看出来，他的文章一点突破都没有？"

的确如此。

很多时候，往往最初使我们上进、给我们动力、使我们引以为豪的东西最终却会变成羁绊我们的绳索和压迫我们的负荷，阻止我们轻装前行。这种困厄，犹如蚕和茧，要么被茧困死，要么破茧而出，这全看蚕是否努力。

第六章

选对池塘钓大鱼

　　人生就是一次奇异的探险，在征途中，我们会遇到一个个充满诱惑的"魔洞"。我们不能惊慌，不能迷惑，更不能贪婪，唯有在心头点燃一根火柴，点亮人生的希望，并义无反顾地坚持下去，才能找到属于自己的那方乐土。

找准人生的坐标

一个人怎样给自己定位，将决定其一生成就的大小。志在顶峰的人不会落在平地，甘心做奴隶的人永远也不会成为主人。

一位智者说，即使是最弱小的生命，一旦把全部精力集中到一个目标上也会有所成就。而最强大的生命如果把精力分散开来，最终也会一事无成。

你可以长时间卖力工作，创意十足、聪明睿智、才华横溢、屡有洞见，甚至好运连连——可是，如果你无法在创造过程中给自己正确定位，不知道自己的方向是什么，一切都会徒劳无功。

所以说，你给自己定位什么，你就是什么，定位能改变人生。

一个乞丐站在路旁卖橘子，一名商人路过，向乞丐面前的纸盒里投入几枚硬币后，就匆匆忙忙地赶路了。

过了一会儿，商人回来取橘子，说："对不起，我忘了拿橘子，因为你我毕竟都是商人。"

几年后，这位商人参加一次高级酒会，遇见了一位衣冠楚楚的先生向他敬酒致谢，并告知说他就是当初卖橘子的乞丐。而他生活的改变，完全得益于商人的那句话：你我都是商人。

这个故事告诉我们：你定位于乞丐，你就是乞丐；当你定位于商人，你就是商人。

定位决定人生，定位改变人生。

汽车大王福特从小就在头脑中构想能够在路上行走的机器，用来代替牲口和人力，而全家人都要他在农场做助手，但福特坚信自己可以成为一名机械师。于是他用一年的时间完成别人要三年的机械师培训，随后他花两年多时间研究蒸汽原理，试图实现他的梦想，但没有成功。随后他又投入到汽油机研究上来，每天都梦想制造一部汽车。他的创意被发明家爱迪生所赏识，邀请他到底特律公司担任工程师。经过十年努力，他成功地制造了第一部汽车引擎。福特的成功，完全归功于他的正确定位和不懈努力。

迈克尔在从商以前，曾是一家酒店的服务生，替客人搬行李、擦车。有一天，一辆豪华的劳斯莱斯轿车停在酒店门口，车主吩咐道："把车洗洗。"迈克尔那时刚刚中学毕业，从未见过这么漂亮的车子，不免有几分惊喜。他边洗边欣赏这辆车，擦完后，忍不住拉开车门，想上去享受一番。这时，正巧领班走了出来，"你在干什么？"领班训斥道，"你不知道自己的身份和地位？你这种人一辈子也不配坐劳斯莱斯！"

受辱的迈克尔从此发誓："这一辈子我不但要坐上劳斯莱斯，还要拥有自己的劳斯莱斯！"这成了他人生的奋斗目标。许多年以后，当他事业有成时，果然买了一部劳斯莱斯轿车。如果迈克尔也像领班一样认定自己的命运，那么，也许今天他还在替人擦车、搬行李，最多做一个领班。目标对一个人一生是何等重要啊！

在现实中，总有这样一些人：他们或因受宿命论的影响，凡事听天由命；或因性格懦弱，习惯依赖他人；或因责任心太差，不敢承担责任；或因惰性太强，好逸恶劳；或因缺乏理想，混日为生……总之，他们给自己定位低调，遇事逃避，不敢为人之先，不敢转变思路，而被一种消极心态所支配，甚至走向极端。

成功的含义对每个人都可能不同，但无论你怎样看待成功，你必须有自己的定位。

生命不让别人设定

一位成功人士回忆他的经历时说:"小学六年级的时候,我考试得了第一名,老师送我一本世界地图,我好高兴,跑回家就开始看这本世界地图。很不幸,那天轮到我为家人烧洗澡水。我就一边烧水,一边在灶边看地图,看到一张埃及地图,想到埃及很好,埃及有金字塔,有埃及艳后,有尼罗河,有法老,有很多神秘的东西,心想长大以后如果有机会我一定要去埃及。

"看得入神的时候,突然听得背后有人问:'你在干什么?'我回头一看,原来是我爸爸,我说:'我在看地图。'爸爸很生气,说:'火都熄了,看什么地图!'我说:'我在看埃及的地图。'我父亲跑过来'啪、啪'给我两个耳光,然后说:'赶快生火,看什么埃及地图!'打完后,踢我屁股一脚,把我踢到火炉旁边去,用很严肃的表情跟我讲:'我给你保证!你这辈子不可能到那么遥远的地方!赶快生火!'

"我当时看着我爸爸,呆住了,心想:我爸爸怎么给我这么奇怪的保证,真的吗?这一生真的不可能去埃及吗?20年后,我第一次出国就去埃及,我的朋友都问我:'到埃及干什么?'那时候还没开放观光,出国是很难的。我说:'因为我的生命不能被别人设定。'自己就跑到埃及旅行。

"有一天,我坐在金字塔前面的台阶上,买了张明信片寄给我爸爸。我写道:'亲爱的爸爸:我现在在埃及的金字塔前面给你写信,记得小时候,你打我两个耳光,踢我一脚,保证我不能到这么远的地方来,现在我就坐在这里给你写信。'写的时候感触很深。我爸爸收到明信片时跟我妈妈说:'哦!这是哪一次打的,怎么那么有效?一脚踢到埃及去了。'"

你是自己的设计师，成龙成虫全在自己。

如果将自己的发展依赖于别人的定位，而没有自己的人生目的，没有自我实现的欲求，就不可能做出一番事业。你的生命，要靠自己去雕琢。你要选择自己的生活道路，确定人生的目标，也就是为自己"人生道路怎么走"、"朝着什么方向走"、"最终要达到什么目的"进行设计。

被别人设定，并且照着别人的设定去做的人，他的生命注定只能平淡无奇、碌碌无为。只有对自己的生命充满激情和幻想的人，才会不断地超越自己，达到一个又一个高峰，人生也因此而绚丽多彩、跌宕起伏。

看清方向再努力

方向对一个人来说是非常重要的，方向错了，再怎么努力也只能是徒劳。努力也是有条件的，当你陷进泥塘里的时候，就应该及时爬出来，远远地离开那个泥塘。有人说，这个谁不会啊！而事实上，不会的人很多。比如一个不适合自己的公司，一堆被套牢的股票，一场"三角"或"多角"恋爱，或者是个难以实现的梦幻……

在这样的境遇里，你再怎样挣扎也无济于事，真正聪明的做法就是调整方向，重新来过。也许有人会说，这有什么不懂，谁都不是傻子。

然而在现实生活中确实有一些人在做着无谓的斗争与努力，就像是已经坐上了反方向的公共汽车，还要求司机加快速度一样。有好心人告诉他停止前进，重新选择方向的时候，他还振振有词，不肯下车。而明白的确坐反了时却又把责任推给售票员，指责售票员没有阻止自己登上汽车；于是就努力说服司机改变行车路线；在遭到拒绝后又下决心消灭这辆汽车，因为消灭一个错误也是伟大的事业；于是坚持坐到底，因为在999次失败后也许就是最后的成功。

人生道路上，我们常常被高昂而光彩的语汇弄昏了头，以不屈不挠、百折不回的精神坚持如一，不肯认输，最终输掉了自己！选对方向，及时改变方向应该是最基本的生活常识，泥塘教过我们，只是我们一离开"老师"，就不愿从上错了的车上走下来。就像我们会经常听见有人聊天：

——工作怎么样啊？

——嗨，凑合，混口饭吃吧！

既然只能是"凑合"着，"混饭"吃，那为什么不去选择一份更适合自己，自己更喜欢的工作呢？

如果你发现自己现在所从事的工作并不适合自己，那你就要赶紧调整前进的方向。不要担心来不及，如果你一直有这样的顾虑，那才真正丧失了大好的时机。

当你发现自己真的走错了方向时，最好先静下来想一想，然后再去努力寻找新的机会，并在新的领域里重新开始，立志有所作为。那种明知自己走错了路，又前怕狼后怕虎的人，只能是徒自空叹，虚度一生！

发挥长处

人这一生会有很多难处，但最难的就是找到适合自己走的那条道。每一个人都应该努力根据自己的特长来设计自己的人生航向。根据自己的环境、条件、才能、素质、兴趣等，确定前进的方向。每个人都应该尽力找到自己的最佳位置，找准属于自己的人生跑道。当你事业受挫了，你不必灰心也不要丧气，相信坚强的信念定能点亮成功的灯盏，总结失败的原因，考虑重新给自己定位。

很多成就卓著人士的成功，首先得益于他们充分了解自己的长处，能根据自己的特长来进行定位或重新定位。如果不充分了解自己的长处，只凭自己一时的兴趣和想法，那么定位就很不准确，有很大的盲目性。歌德一度没能充分了解自己的长处，树立了当画家的错误志向，害得他浪费了十多年的光阴，为此他曾非常后悔。美国女影星霍利·亨特一度竭力避免被定位为短小精悍的女人，结果走了一段弯路。后来幸亏经纪人的引导，她重新根据自己身材娇小、个性鲜明、演技极富弹性的特点进行了正确的定位，出演《钢琴课》等影片，一举夺得戛纳电影节的"金棕榈"奖和奥斯卡大奖。

古今中外，还有很多名人经过重新给自己定位而取得令人瞩目的成就：著名科普作家阿西莫夫一开始想成为一名科学家，直到一天上午，他坐在打字机前打字的时候，突然意识到："我不能成为一个第一流的科学家，却能够成为一个第一流的科普作家。"于是，他几乎把全部精力放在科普创作上，终于成了当代世界最著名的科普作家。伦琴原来学的是工程科学，他在老师孔特的影响下，做了一些物理实验，逐渐体会到，这就是最适合自己干的行业，后来果然成了一个有成就的物理学家。

在生活中，谁都想最大限度地发挥自己的能量。但是，由于种种原因，并不是你想干什么就能干什么。目前，有许多人是在自己并不喜欢甚至厌恶的岗位上，干自己不愿干的工作，于是牢骚满腹。在这种情况下，还是不要着急为好，所谓的生活其实就如写文章一样，当你发觉笔下的那一句不是自己最满意的词句，甚至是败笔的时候，那你就暂时停笔思考一下，删除那些拙劣的语句，然后等到精彩的华章涌向笔尖，再重新抒写，直至满意为止。

选好人生路

漫漫人生路，但并不是每条都适合你去走，你一旦选择错了，也许你一生都难以过得顺畅。

两个乡下人，外出打工。一个去深圳，一个去北京。在候车厅等车时，听到议论说：深圳人精明，外地人问路都收费；北京人质朴，见吃不上饭的人，不仅给馒头，还送旧衣服。

去深圳的人想，还是北京好，挣不到钱也饿不死，幸亏车还没开，不然真掉进了火坑。

去北京的人想，还是深圳好，给人带路都能挣钱，还有什么不能挣钱的？我幸亏还没上车，不然真失去一次致富的机会。

于是他们在退票处相遇了而且相互交换了车票。于是，原来要去北京的得到了深圳的票，去深圳的得到了北京的票。

去北京的人发现，北京果然好。他初到北京的一个月，什么都没干，竟然没有饿着。不仅银行大厅里的矿泉水可以白喝，而且大商场里欢迎品尝的点心也可以白吃。

去深圳的人发现，深圳果然是一个可以发财的城市。干什么都可以赚钱，带路可以赚钱，开厕所可以赚钱，弄盆凉水让人洗脸可以赚钱，只要想点办法，再花点力气就可以赚钱。凭着乡下人对泥土的感情和认识，他不久就在郊区的农田里装了十包含有沙子和树叶的土，以"营养土"的名义，向不见泥土而又爱花的深圳人兜售。当天他在城郊间往返5次，净赚了100元钱。一年后，凭"营养土"他竟然在深圳拥有了一间小小的门面。在长年的走街串巷中，他又有一个新的发现：一些商店楼面亮丽而招牌较黑，一打听才知是清洗公司只负责洗楼不负责洗招牌。他立即抓住这一空档，买了些人字梯、水桶和抹布，办起了一个小型清洗公司，专门负责擦洗招牌。如今他的公司已有150多个职员，业务也由深圳一隅发展到沿海省份十几个城市。

前不久，他坐火车去北京考察清洗市场，在北京站，一个捡破烂的人把头伸进软卧车厢，向他要一只可乐易拉罐。就在此时两人都愣住了，因为就在几年前，他们曾换过一次票。

虽然说选择常能决定命运，但真正决定人命运的还是自己的心态和努力。以上两人同样都选择大城市发展，一个人靠自己的努力闯出了一片天下，而另一个人却沦落到拾破烂为生。不能不说是他们不同的心态导致选择不同的人生道路。

确定对的就勇往直前

如果你能确定自己是正确的，就要勇往直前走下去，而不要犹豫不决，也不要太在意别人的看法。

约翰·莱特福特不但是个博士，而且当过英国剑桥大学副校长。在达尔文出版《物种起源》这部名著前夕，他郑重指出："天与地，在公元前4000年10月23日上午9点诞生。"

狄奥尼西斯·拉多纳博士生于1793年，曾任伦敦大学天文学教授。他的高见是："在铁轨上高速旅行根本不可能，乘客将不能呼吸，甚至将窒息而死。"

1786年，莫扎特的歌剧《费加罗的婚礼》初演，落幕后，拿波里国王费迪南德四世坦率地发表了感想："莫扎特，你这个作品太吵了，音符用得太多了。"

国王不懂音乐，我们可以不苛责，但是美国波士顿的音乐评论家菲力普·海尔，于1873年表示："贝多芬的第七交响乐，要是不设法删减，早晚会被淘汰。"

乐评家也不懂音乐，但是音乐家自己就懂音乐吗？柴可夫斯基在他1886年10月9日的日记里说："我演奏了勃拉姆斯的作品，这家伙毫无天分，眼看这样平凡的自大狂被人尊为天才，真教我忍无可忍。"

有趣的是，乐评家亚历山大·鲁布，1881年就事先替勃拉姆斯报了仇。他在杂志上撰文表示："柴可夫斯基一定和贝多芬一样聋了，他运气真好，可以不必听自己的作品。"

1962年，还未成名的披头士合唱团向英国威克唱片公司毛遂自荐，但是被拒绝。公司负责人的看法是："我不喜欢这群人的音乐，吉他合奏已经太落伍了。"

你听说过艾伦斯特·马哈吗？他曾任维也纳大学物理学教授。他说："我不承认爱因斯坦的相对论，正如我不承认原子的存在。"

爱因斯坦对以上批评并不在意，因为早在他10岁于慕尼黑念小学的时候，任课老师就对他说："你以后不会有出息。"

严格说来，遭人反对、小看不是坏事，这可以提醒我们争取进步。可是，人身攻击就令人难以忍受了。

法国小说家莫泊桑，曾被人批评为："这个作家的愚蠢，在他眼睛里表露无遗。那双眼珠，有一半陷入上眼皮，如在看天，又像狗在小便。他注视你时，你会为了那愚蠢与无知，打他一百记耳光仍觉吃亏。"

就算西方文学的大宗师莎士比亚，也曾被人恶意攻击。以日记文学闻名的法国作家雷纳尔，1896年在日记中说："第一，我未必了解莎士比亚；第二，我未必喜欢莎士比亚；第三，莎士比亚总是令我厌烦。"1906年，他又在日记中说："只有讨厌完美的老人，才会喜欢莎士比亚。"

这位雷纳尔先生爱说俏皮话，他在 1906 年的日记中说："你问我对尼采有何看法？我认为他的名字里赘字太多。"连名字都有毛病，文章如何自不待言。

英国作家王尔德也以似通不通的修辞技巧，批评萧伯纳说："他没有敌人，但是他的朋友都深深地恨他。"

思想家卢梭 54 岁那年，即 1766 年，被人讽刺为："卢梭有一点像哲学家，正如猴子有点像人类。"

这些被批评和讥讽的人士后来都被证明他们和他们的作品是多么的伟大。如果他们当时被批评和嘲笑所打倒，那么世界艺术长河中将失去许多璀璨的明珠。他们没有受别人的影响，因为他们坚信自己、坚信自己的成就，并且勇往直前地做下去了。

戴维·克罗克特有一句很简单的座右铭："确定你是对的，然后勇往直前。"

每一个人，无论是凡夫走卒还是英雄人物，总有遭人批评的时刻。事实上，越成功的人，受到的批评就越多。只有那些什么都不做的人，才能免遭别人的批评。真正的勇气就是秉持自己的信念，而不受别人的支配。

不同的人有不同的路

在人生奋斗中，坎坷挫折在所难免，不慎跌倒并不表示永远的失败，只有跌倒后就失去了奋斗的勇气才是永远的失败。我们若以平常心观之，失败本身也就不足为奇。一个人若没有经历过失败，他就难以尝到人生的辛酸和苦涩，难以认识到生命的底蕴，也就不可能感受到成功时的巨大欣喜。

其实，通向成功的路绝不止一条，不同的人可以选择不同的路，成功与否，往往不在于对道路的选择，而在于一旦选定了自己的路，便不再彷徨而是坚定地走下去。所以，能否到达心中的目标，首先取决于对脚下道路的信任。

要想博得成功、博得荣誉，除了要选择一条适合自己的路走以外，还要有执着的精神。女娲补天、夸父追日、精卫填海、愚公移山、大禹治水，卧薪尝胆的勾践，闻鸡起舞的祖逖，面壁静修的达摩，程门立雪的杨时……这些执着的故事不老，人物不死。咬定青山不放松，百折千磨志不改，衣带渐宽终不悔，不到长城非好汉……这些执着的佳句不朽。

"执着"的骨子里有一种素质：一种激情如火的素质，一种追求根源的素质，一种苦行僧式的素质，一种认准了目标不回头的素质，一种坚持自己不受他人支配的素质，一种固执甚至偏激的素质。具备这种素质的人常常创造出人间奇迹。弗洛伊德、拿破仑、贝多芬、凡·高；还有《吉尼斯世界大全》一书中所记载的诸多人物，不能不承认所有这些大大小小的人物使我们这个世界变得有声有色。他们的性格中明显有着共同的一点，即执着。他们执着地将他们热爱的某项事业推向极致，什么也阻止不了他们——除了自身的死亡。

执着并不是你将整个世界抓在手里，当你执着一种东西时，你同时便选择了放弃另一种东西。执着的前提是你知道了你要选择什么。学会放弃、善于放弃也不是执着的对立面。

人生需要设计

一所国际知名大学 30 年前曾对当时的在校学生做过一项调查，内容是个人目标的设定情况。调查数据显示，没有目标的人有 27%，目标模糊的人有60%，短期目标清晰的人有10%，长期目标清晰的人只有3%。30年后哈佛大学研究了这些调查对象的情况，结果发现，第一类人几乎都生活在社会的最底层，长期在失败的阴影里挣扎；第二类人基本上都生活在社会的中下层，他们没有多大的理想和抱负，整日只知为生存而疲于奔命；第三类人大多进入了白领阶层，他们生活在社会的中上层；只有第四类人，他们为了实现既定的目标，几十年如一日、努力拼搏、积极进取、百折不挠，最终成了百万富翁、行业领袖或精英人物。30年前的目标设定情况决定了30年后的生活状况。

设定自己的目标，就是要设计自己的人生。目标，无论是生活中的小目标，还是人生中的大目标，都需要精心设计。设计会使我们的人生更加完善，而完善的人生一直都是我们所追求的。不论你是知名企业的总裁，还是普通公司的小职员；不论你是已经到了古稀之年，还是正处于花季少年，你都离不开人生设计。

人一生中会做无数次的设计，但如果最大的设计——人生设计没做好，那将是最大的失败。设计人生就是要对人生实行明确的目标管理。如果没有目标，或者目标定位不正确，你的一生必然碌碌无为，甚至是杂乱无章。做好人生设计，很重要的是必须把握两点：一是善于总结，一是善于预测。对过去进行总结和对未来进行设计并不矛盾。只有对自己的过去进行好好地回顾、梳理、反思，才能找出不足，扬长避短。而对未来进行预测，就是说要有前瞻性的观念和能力。假如缺少了前瞻性观念和能力，人将无法很好地预见自己的未来，预见事物的动态发展变化，也就不可能根据自己的预见进行科学的人生设计。一个没有预见性的人，是不可能设计好人生，走好人生的。

还有一点必须记住，那就是设计好人生的前提是自知、自查。了解自己，了解环境，这是成功的法则。知己知彼，方能百战不殆。对自己有个详细的了解与估量，才能有的放矢地进行人生设计。在知己知彼以后，需要对自己合理定位。

人不是神，有很多不足和缺陷，对自己期望过低、过高都不利于成长。但设计人生不能盲从，也不能一味地服从与遵从死理。设计目标是为了实现，而不是为了设计而设计。设计只是一种手段，不是我们要的结果。因此，我们需要变通的设计，因事因时因地的变化。设计也不是屈服，设计的主动权要掌握在我们自己的手中——我的人生我做主，用自己手中的画笔在画布上绘出美丽的图画。

一个人要有独特的负责任的人生设计，这不只是个人的事情，也是这个时代对他的要求。如果你的理性还在沉睡中，那就快醒醒吧，赶快设计好自己的人生，不要等来不及时才匆匆忙忙地应付。

点亮人生的希望

米勒教授和另外两名地质专家组成的考察团，准备进溶洞考察。溶洞在当地人们的眼里是一个"迷洞"，曾经有胆大的人进去过，但都是一去不复返。

随身携带的计时器显示着，他们在漆黑的溶洞里走过了 14 个小时，这时一个有半个足球场大小的水晶岩洞呈现在他们的面前。他们兴奋地奔了过去，尽情欣赏、抚摸着那些迷人水晶。待激动的心情平静下来之后，其中那个负责画路标的专家忽然惊叫道："刚才我忘记刻箭头了！"他们再仔细看时，四周竟有上百个大小各异的洞口。那些洞口就像迷宫一样，洞洞相连，他们转了很久，始终没能找到退路。

米勒教授在洞口前默默地搜寻着，突然他惊喜地喊道："在这儿有一个标志！"他们决定顺着标志的方向走。米勒教授走在前面，每一次都是他先发现标志。

终于，他们的眼睛被强烈的太阳光刺疼了，这意味着他们已经走出了"魔洞"。另外两个专家竟像孩子似的，掩面哭泣起来，他们对米勒教授说："如果没有那位前人……"而老教授缓缓地从衣兜里掏出一块被磨去半截的石灰石递到他俩面前，意味深长地说："在没有退路可言的时候，我们唯有相信自己……"

是啊，其实人生不就是一次最有意义的探险吗？也许当我们为追寻一个目标时，而艰苦跋涉的时候，突然间会迷失方向，陷入孤独无援的境地。生活往往就是这样奇怪，它在馈赠给我们蜜饯的同时，又悄悄地在我们面前布下了一个个"迷洞"，来考验我们的执着与勇气。

面对人生的许多"迷洞"，我们不能惊慌失措，也不能裹足不前，唯有在心头点燃一根火柴，点亮人生的希望，并义无反顾地走下去！

条条大路通罗马

人生道路千万条，条条都能通"罗马"，每条路都是我们的选择之一。所以，一旦这条路行不通，不要犹豫，立即换一条路，即使这条道上行人稀少、环境恶劣，但它往往就通向成功宝殿的大门。行行出状元，在无力接受某一课程时，千万不要强求自己，否则只会越来越糟，耽误时间不说，还耽误了美好前程。

一位叫王丽的姑娘，长得端庄、秀丽，她表姐是外企职工，收入颇高，工作环境也很好，她对王丽的影响很大。王丽也想走进这个阶层，无奈她的外语太差，单词记不住，语法也总是弄不懂。马上要面临高考了，她想报考外语专业，可越急越学不好。她整天想着白领阶层的生活，不知不觉沉浸其中。

她将所有时间都押在外语上了，其他课目全部放弃。由于只有一条路，她更担心一旦考不上外语系，那就全完了。整天就想着考上以后的生活，考不上又怎么办，而全无心思专心学习。

虽然"白日梦"是青春期常见的心理现象，但整天沉醉于其中的人，往往是那些对现状不满意又无力改变的人。因为"白日梦"可以使人暂时忘记不如意的现实，摆脱某些烦恼，在幻想中满足自己被人尊敬、被人喜爱的需要，在"梦"中，"丑小鸭"变成了"白天鹅"。

做美好的梦，对智者来说是一生的动力，他们会由此梦出发，立即行动，全力以赴朝着这个美梦发展，一步步努力使梦想成真。但对于弱者来说，"白日梦"犹如一个陷阱，他们在此处滑下深渊，无力自拔。

如何走出深渊呢？首先，要有勇气正视不如意的现实，并学会管理自己。这里教给你一个简单而有效的方法，就是给自己制定时间表。先画一张周计划表，把第一天至少分为上午、下午和晚上三格，然后把你在这一周中需要做的事统统写下来，再按轻重缓急排列一下，把它们填到表格里。每做完一件事情，就把它从表上划掉。到了周末总结一下，看看哪些计划完成了，哪些计划没有完成。这种时间表对整天不知道怎么过的人有独特的作用，因为当你发现有很多事情等着做，而且做完一件事就有一种踏实的感觉时，就比较容易把幻想变为行动了。你用做事挤走了幻想，并在做事中重塑了自己，增强了自信。

梦是美好的，但毕竟是梦。与其在美梦中遐想，不如另辟他途，走出一条适合自己的路，所以该放弃就放弃，千万不要有丝毫的犹豫和留恋，迅速踏上另一条通向"罗马"的旅途。

第七章

选好了就去做

任何一个明智的选择，一项伟大的计划，最终都必须落实到行动上。一百次心动不如一次行动。行动才是改变自我、拯救自我的标志。人生无常，明天无法预测；人生苦短，今天却能把握。把握好今天，早一步行动，就早一步获得成功的主动权。

选择积极的生活动力

动力是一个生命体存在的基础，一个没有动力的人将会是一个什么样子，我们不难想象他是多么的毫无生气。当你将一块石头放在显微镜下仔细观察，你会注意到它不会有任何变化。然而，如果你放上一个珊瑚虫，就会发现珊瑚虫在慢慢生长变化。其中的道理很简单：珊瑚虫是活的，石头是死的。生命的唯一标志是生长发展。这一标准也同样适用于人的精神世界。如果一个人在发展，他就具有生命力；如果停止发展，他就会失去生命力。

当我们认识到自己应该在生活中保持愉快，并愿意为之付出努力时，就可能以两种不同的需要作为动力。比较普遍的一种是将自己所谓的缺陷或不足作为动力。例如，如果你是一个中学生，你在学年考试中某一学科没有及格，但你认识到了自己的不足，找出了失败的原因，并决定在下次考试中取得好的成绩，于是你制定了详细的学习计划，并努力付诸实施。另一种则是积极向上的，我们称之为发展动力。你感到人生多么美好，因此，你不愿虚度光阴，而是努力地学习、工作和生活。这种积极向上的生活热情使你充满无限动力，激发你不断前行。

人的生活动力应当是后一种，即要求发展的迫切愿望，而不应总是出于弥补不足而产生一种被动需要。只要你认识到自己应该不断发展与进步，并不断充实自己的生活，这就足够了。一旦你决定让自己陷入惰性，或产生一些不健康的情感时，那意味着你已经决定让自己停止发展。以发展为动力，就意味着要充分体现自己强大的生命力，让生命焕发出应有的光彩，获取人生最大的幸福。而不是时时想到自己的某些缺点和失误，感到自己有必要改正与提高，如果这样，你一定会哀叹人生多么劳累。

只要选择以发展为动力，你就一定能够支配自己生活的每时每刻。有了这种支配能力，你便可以主宰自己的命运，既不会感到力不从心，也不会人云亦云、毫无主见。有了这种支配能力，你便能够决定自己的外界环境。萧伯纳在他的一个剧本中写道：

"人们通常将自己的一切归咎于环境，而我却不迷信环境的作用。在这个世界上，有所作为的人总是奋力寻求他们所需要的环境；如果他们未能找到这种环境，他们也会自己创造环境……"

前面我们已经谈论过，要改变一个人的思维、感觉或生活方式，这是一种十分可行的事情，但绝非轻而易举，你应当记住这一点。当然，任何人都不可能一下子就让自己来了一个全新的改变，许多人期望自己的大脑能迅速适应新的要求，他们在努力学习新的思维活动时，往往希望在尝试一次之后，这种行为便会立即成为习惯。

如果你确实希望摆脱各种病态行为，在生活中有所作为，并做出自己的正确选择，如果你确实希望心情愉快，你就必须像完成任何一项艰巨任务一样，对自己严格要求，摒弃迄今为止所养成的自我挫败的思维方式。

要做到这一点，你必须反复地告诫自己：你的大脑确实属于自己，你能够控制自己的情感，你可以做出选择，而且只要你决定主宰自己，你就可以享受更为积极的生活，更为阳光的时光。

先想一个好结果

我们做任何事之前，都要先预想一个好的结果。好结果很重要，有了好结果的鼓舞，人就会信心百倍，有这种积极心态的人，常常能够获得成功。

　　然而，生活中很多人，在还没有做事前，就想到事情会失败，这种心态消极、负面思考的人，是很难成功的。

　　一个人是否成功，关键在于他的心态是否积极。成功者在做事前就相信自己能够取得成功，结果真的成功了。这是人的意识和潜意识在起作用。

　　前世界拳击冠军乔·弗列勒每战必胜的秘诀是：参加比赛的前一天，总要在天花板上贴上自己的座右铭——"我能胜!"

　　一天晚上，在漆黑的偏僻公路上，一个年轻人的汽车轮胎爆了。

　　年轻人下来翻遍工具箱，也没有找到千斤顶，而没有千斤顶，是换不成轮胎的。怎么办？这条路半天都不会有一辆车经过，他远远望见一座亮灯的房子，决定去那个人家借千斤顶。

　　在路上，年轻人不停地想：

　　要是没有人来开门怎么办？

　　要是没有千斤顶怎么办？

　　要是那家伙有千斤顶，却不肯借给我，那该怎么办？

　　……

　　顺着这种思路想下去，他越想越生气，当走到那间房子前敲开门，主人刚出来，他冲着人家劈头就是一句："他妈的，你那千斤顶有什么稀罕的!"

　　弄得主人丈二和尚摸不着头脑，认为是一个精神病人，"砰"的一声就把门关上了。

　　做事前就认为自己会失败，自然难以成功了。

　　世界著名的走钢索选手卡尔·华伦达曾说："在钢索上才是我真正的人生，其他都只是等待。"他总是以这种非常有信心的态度来走钢索，每一次都非常成功。

　　但是1978年，他在波多黎各表演时，从25米高的钢索上掉下来摔死了，令人不可思议。后来他的太太说出了原因。在表演前的3个月，华伦达开始怀疑自己："这次可能掉下来。"他时常问太太："万一掉下去怎么办?"

他花了很多精力研究怎样避免掉下来，而不是研究走钢索，结果失败了。

做任何事，不要在心里制造失败，我们都要想到成功，要想办法把"一定会失败"的意念排除掉。

一个人想着成功，就可能成功；想的尽是失败，就会失败。成功产生在那些有成功意识的人身上，失败往往发生在那些不自觉地让自己产生失败意识的人身上。

想好了就去做

有个一贫如洗的年轻人总是想着如何能够摆脱贫穷，但又不想付诸行动，于是他每隔三两天就到教堂祈祷，而且他的祷告词几乎每次都相同。

第一次他到教堂时，跪在圣坛前，虔诚地低语："上帝啊，请念在我多年来敬畏您的份上，让我中一次彩票吧！"

几天后，他又垂头丧气地回到教堂，同样跪着祈祷："上帝啊，为何不让我中彩？我愿意更谦卑地来服侍您，求您让我中一次彩票吧！"

又过了几天，他再次出现在教堂，同样重复着他的祈祷。如此周而复始，他不间断地祈求着。

到了最后一次，他跪着说："我的上帝，您为什么不垂听我的祈求呢？让我中一次吧！只要一次，让我解决所有困难，我愿终身专心侍奉您。"

就在这时，圣坛上空发出了一阵宏伟庄严的声音："我一直在垂听你的祷告。可是——最起码，你也该先去买一张彩票吧！"

现实生活中也许没有如此愚蠢的事，但却有如此愚蠢的人。心中有好的想法却不愿或不敢行动起来，类似的事情在你身上也可能发生。想想你是不是常常渴望成功，却没有为成功做出过一丝一毫的努力？

我们应该懂得，要成功，光有梦想是不够的，还必须拥有一定要成功的决心，配合确切的行动，坚持到底。

只有下定决心，历经学习、奋斗、成长这些不断的行动，才有资格摘下成功的甜美果实。

而大多数的人，在开始时都拥有很远大的梦想，如同故事中那位祈祷者。但却从未掏腰包真正去"买过一张彩票"，缺乏决心与实际行动的梦想。在梦想一个个老去时，他们内心便开始萎缩，种种消极与不可能的思想衍生，甚至就此不敢再存任何梦想，过着随遇而安、乐天知命的平庸生活。

这也是为何成功者总是占少数的原因。了解了一些成功哲学后的你，是否真心愿意在此刻为自己的理想的实现，认真地下定追求到底的决心，并且马上行动呢？当你养成"想好了就去做"的习惯时，你就掌握了向成功迈进的秘诀。

你工作的能力加上你工作的态度，决定了你的报酬和职位。只有那些想好了就立即行动的人，他们的工作效率才会惊人的高，往往也只有这样的人，才能担任公司最重要的职务。

因此，要想获得成功的果实，光有想法是不够的，想好了你得去做。只有将想法付诸行动，并全力以赴地去做，才有可能获得成功的锦标。

重要的是执行

有一群老鼠吃尽了猫的苦头，整日提心吊胆，不但终日躲躲藏藏的，没有安全感，而且吃不饱，睡不稳，难以过上安稳的日子。

因此，老鼠群落准备召开全体大会，号召大家群策群力，共同商量对付猫的万全之策，争取一劳永逸地解决事关大家生死存亡的大问题。

众老鼠冥思苦想，都希望能想出一个上佳的计策。

有的提议培养猫吃鸡的新习惯，有的建议加紧研制毒猫药，有的说……

最后，还是一只年老的老鼠出了一个高明的主意，那就是给猫的脖子上挂个铃铛，如果猫一动，就会有响声，大家就可以事先得到警报，躲起来。

这一决议被全票通过，但决策的执行者却始终产生不出来。

"有谁愿意去给猫挂铃铛？"主持会议的老鼠高喊着，可是没有任何老鼠敢站出来。后来高薪奖励、颁发荣誉证书等一系列办法都提了出来，但无论怎样，都没有一只老鼠愿意去，给猫挂铃铛的计划被无限拖延下去。

老鼠能有如此新奇的想法和创意，这一点是很值得我们学习的。不管是什么困难，只要敢想，并能够尝试着去解决，就有可能得到解决。如果我们连面对的勇气都没有，那怎么可能走向成功呢？很多事情都已经表明，只有大胆设想、大胆尝试，才是走向成功的第一步。

但更重要的问题是，老鼠的想法虽然新奇，有创意，却不具备可操作性。老鼠与猫始终是天生的敌人，即使最聪明的老鼠想出最好的办法，如果没有执行者，还是等于空谈。问题是，大家想出来的决策是大家投票产生的，但为什么执行者就不能诞生呢？

在生活中，我们也会经常碰到类似的问题，很多好主意我们无法转化为行动，很多好决策无法产生现实的意义，这是为什么？就因为我们缺少执行的能力。而很多事实都已经表明，决策和制度不在于多么英明，而在于能否实施。方法再新奇，制度再先进，如果得不到贯彻执行，那也是一张空文，没有任何意义。

在我们碰到新问题出现的时候，只有打开思路，从不同角度寻找解决新问题的方法，才有可能迈向成功。我们都很清楚，发现问题是展开工作的前提，但解决问题才是工作的关键和宗旨。所以，在我们得到了解决问题的办法之后，最应该做的就是尽快把自己的想法变成现实，使问题最终得以解决。

把小事做好

　　威廉经理决定在德诺和率迪两人之间选择一个人做自己的助理。为了体现民主与公正,威廉经理便决定由全体员工投票选举。投票结果却出人意料,德诺和率迪的得票数竟然相同。威廉经理犯难了,便决定亲自对两人进行一番考察,然后再做决定。德诺和率迪觉得这样做也很公平,便都欣然同意了。

　　一天,威廉经理在餐厅里吃饭。用餐时,他看见德诺吃过饭后,把餐盘都送进了清洗间,而率迪呢,吃完后一抹嘴巴,便把餐盘推到了餐桌的一边,然后起身走了。

　　又有一天,威廉经理很随意地走进德诺的办公室,只见德诺正在做下个月的销售计划,便问德诺:"每次都是你亲自做销售计划? 为什么不让下面分店的负责人去做呢?"

　　"是的,我总是亲自做销售计划,这样我既能从总体上把握,又能做到心中有数。再说,这样的小事,就麻烦下面分店的负责人,我觉得也没有必要。"

　　威廉经理又背着手踱到率迪的办公室,率迪也正在看一份销售计划。

　　"这是你自己做的计划吗?"威廉经理问。

　　"这样的小事我一般都让下面的分店负责人来做,我只管大的销售计划。"

　　"那么你有成熟的销售计划吗?"

　　"这个……这个……我还没有。"

　　第二天,威廉经理便宣布德诺为自己的助理。

　　德诺之所以能当上经理助理,主要得益于他不放过任何一件小事,不小看任何一件小事,并且认真地做好每一件小事。

也许你会说："我目标高远，立志要干出一番大事业。"有这样的雄心壮志固然好，但要想实现它，你就必须从每一件小事做起，因为眼前的小事或许正是将来成就伟业的幼苗和基石。试想一下，一个连小事都不愿意做的人，他能干出大事来吗？

不过对于小事，很多人都不愿意去做，但成功者与一般人最大的不同就是他愿意做别人不愿意做的事。一般人都不愿意付出这样的代价，可是成功者愿意，因为他渴望成功。

在公司里，假如同事们不愿意弯腰捡起地上的一枚别针，你要把它捡起来；别的同事不愿意去尝试一项新工作，你要乐意接受它；别的同事不愿意去条件艰苦的地方开拓业务，你要勇敢地去，并把事情做得最好。

其实，小事不小，做小事虽然只是举手之劳，可就是在你的一举手一投足之间，才能体现出你的细心，才能看出你有无成大事的底蕴。

绝不拖延

拖延是一个善于制造许多误区的恶魔，它会将你的生活和工作拖入泥潭，使你无法自拔。很少有人能坦率地承认他们是不拖延的，这种心态从长远来说其实是不健康的。它实质上是一种神经官能症的情绪副作用的固定行为模式。如果你觉得你有拖延习惯并喜欢这样做而且又没有负疚感和焦虑感，那么，总有一天你将发现：正是拖延使你期待已久的成功和幸福迟迟不能到来。

我们每个人在自己的一生中，有着种种的憧憬、种种的理想、种种的计划，如果我们能够将这一切的憧憬、理想与计划，迅速地加以执行，那么我们在事业上的成就不知道已取得多少了！然而，人们往往在有了好的计划后，不去迅速地执行，而是一味地拖延，以致让一开始充满热情的事情冷淡下去，使幻想逐渐消失，使计划最后破灭。

一日有一日的理想和决断，昨日有昨日的事，今日有今日的事，明日有明日的事。今日的理想，今日的决断，今日就要去做，一定不要拖延到明日，因为明日还有新的理想与新的决断。

拖延的习惯往往会妨碍人们做事，因为拖延会磨灭人的创造力。有热忱的时候去做一件事，与在热忱消失以后去做一件事，其中的难易苦乐要相差很大。很多有天赋的人本来很有希望成功，但因为他们喜欢拖延，缺乏干事的热忱而最终与成功失之交臂。

放着今天的事情不做，非得留到以后去做，在拖延中所耗去的时间和精力，足以把你几天的工作做好。有些事情在当初来做会感到快乐、有趣，如果拖延了几个星期再去做，就会感到痛苦、艰辛了。

拖延是这样的可恶，然而却又这样的普遍，原因在哪里？成功素质不足、自信不足、心态消极、目标不明确、计划不具体、策略方法不够多、过于追求十全十美，这些都是原因。

停止拖延，立即去提高自己的成功素质，缺什么，补什么。以下是一些克服拖延，立即行动的对策，不妨采用一下。

（1）做个主动的人。要勇于实践，做个真正在做事的人。

（2）创意本身不能带来成功，只有付诸实施时创意才有价值。

（3）用行动来克服恐惧，同时增强你的自信。怕什么就去做什么，你的恐惧自然会立刻消失。

（4）自己推动你的精神，不要坐等精神来推动你去做事。主动一点，自然精神百倍。

给自己开个优先表

对成功人士而言，做事应该很有章法的，不能眉毛胡子一把抓，要分清轻重缓急！这样才能一步一步地把事情做得有节奏、有条理，达到良好结果。这就是说：每天给自己开一张优先表。

在紧急但不重要的事情和重要但不紧急的事情之间，你首先去办哪一件？面对这个问题你或许会很为难。

现实生活中，许多人都是这样，这正如法国哲学家布莱斯·巴斯卡所说："把什么放在第一位，是人们最难懂得的。"对许多人来说，这句话不幸被言中，他们完全不知道怎样按重要性排列人生的任务和责任。他们以为工作本身就是成绩，但这其实却大谬不然。

比如说，我们在学校学习的过程中，最缺的是什么？可能有许多人会说，我们最缺的就是钱。在这个时期，学习对我们是重要的，但却不是最紧急的，而钱对我们是紧急的，但却不是最重要的。在这个十字路口，我们选择什么？

对这个问题，不同的人有不同的选择。有的人早早就选择弃学从商，有的人依然选择在校学习，而更可悲的人也有，无论他是弃学经商还是在校学习，他都不知道他在做什么。

此例一针见血地揭露了：许多人在处理日常生活的方方面面时，的确分不清哪个更重要，哪个更紧急。这些人以为每个任务都是一样的，只要时间被忙忙碌碌地打发掉，他们就从心眼里高兴。他们只愿意去做能使他们高兴的事情，而不管这些事情有多么不重要或不紧急。

实际上，懂得快乐生活的人都明白轻重缓急的道理，他们在处理一年、一个月或一天的事情之前，总是按分清主次的方法来安排自己的时间。他们懂得给自己制订个优先表，也就是进度表，以合理完成工作。

把一天的事情安排好，这对于你成就大事情是很关键的。这样你可以每时每刻集中精力处理要做的事。但把一周、一个月、一年的时间安排好，也是同样重要的。这样做给你一个整体方向，使你看清自己的前方。

商业及电脑巨子罗斯·佩罗说："凡是优秀的、值得称道的东西，每时每刻都处在刀刃上，要不断努力才能保持刀刃的锋利。"罗斯认识到，人们确定了事情的重要性之后，不等于事情会自动办好。你或许要花大力气才能把这些重要的事情做好。始终要把它们摆在第一位，你必须得费很大的工夫。

从长远而言，我们应该将"重要而不紧急"的事项，列为第一优先，唯有做好"重要而不紧急"的事项才能避免"紧急且重要"的事项不断发生，让我们穷于应付。

比如，优先做好"防火"的预防工作可避免未来可能造成的损失，预防的工作表面上没有效率，而事实上，在无形中提升了很多效率。

要使自己成为有效率的高手，那么不重要的事项就应当大胆舍弃，要使自己不要沦落成为忙碌的"救火英雄"，则尽量多做些"重要且不紧急"的工作，就能为自己争取到更多的时间。

制订优先表还应考虑以下几点：

（1）常常问自己："哪些事情是有助于自己达到目标?"这些事情就是我们必须做的事。

（2）问自己："所有工作中，哪一个工作是最重要的?"开始安排做这一工作。

（3）任何工作，养成标示重要与紧急性并标注优先级的习惯。

（4）急迫事情来临时，自问："它重要吗?""有助于达到目标吗?"如果答案是否定的，勇敢大胆地割舍，您将会更有效率。

（5）别忽略了重要但不紧急的工作，尽量安排时间，有计划性去执行，它们总有一天会变得紧急且重要，让你疲于奔命。

（6）根据"80%～20%理论"考量各重要工作的优先级，相信我们会更有效率。

脚踏实地是最好的选择

任小萍女士说，在她的职业生涯中，每一步都是组织上安排的，自己并没有什么自主权。但在每一个岗位上，她也有自己的选择，那就是要比别人做得更好。

1968年：在西瓜地里干活的她，被告知北京外国语学院录取了她。到了学校，她才知道她年纪最大，水平最差，第一堂课就因为回答不出问题而被罚站了一堂课。然而等到毕业的时候，她已成为全年级最好的学生之一。

大学毕业后她被分到英国大使馆做接线员。接线员是个不当回事地干就很简单，当回事地干就很麻烦的工作。任小萍把使馆里所有人的名字、电话、工作范围甚至他们家属的名字都背得滚瓜烂熟。有时候，有一些电话进来，不知道该找谁，她就多问几句，尽量帮助别人找到该找的人。逐渐地，使馆人员外出时，都不告诉自己的翻译了，而是打电话给任小萍，说可能有谁会来电话，请转告什么话。任小萍成了一个留言台。不仅如此，使馆里有很多公事私事都委托她通知、转达、转告。这样，任小萍在使馆里成了很受欢迎的人。

有一天，英国大使来到电话间，靠在门口，笑眯眯地看着任小萍，说："你知道吗，最近和我联络的人都恭喜我，说我有了一位英国姑娘做接线员？当他们知道接线生是中国姑娘时，都惊讶万分。"英国大使亲自到电话间表扬接线员，在大使馆是破天荒的事情。结果没多久，她就因工做出色而被破格调去给英国某大报记者处做翻译。

该报的首席记者是个名气很大的老太太，得过战地勋章，被授过勋爵，本事大，脾气大，把前任翻译给赶跑了。刚开始老太太也不想雇用任小萍，看不上她的资历，后来才勉强同意一试。一年后，老太太经常对别人说："我的翻译比你的好上十倍。"不久，工做出色的任小萍就被破例调到美国驻华联络处，她干得同样出色，获得外交部嘉奖……

一个人在选择工作时，是选择好好干还是选择得过且过？在同一个工作岗位上，有的人勤恳敬业，付出的多，收获也多，有的人整天想调好工作，而不肯做好眼前的事。其实，这样的选择就决定了将来的被选择。

借力而行

一个小男孩在沙滩上玩耍。他身边有一些玩具——小汽车、货车、塑料水桶和一把亮闪闪的塑料铲子。在松软的沙堆上修筑公路和隧道时，他发现一块很大的岩石挡住了去路。

小男孩开始挖掘岩石周围的沙子，企图把它从泥沙中弄出去。他是个很小的孩子，而岩石却相当巨大。手脚并用，他花尽了力气，岩石却纹丝不动。小男孩下定决心，手推、肩挤、左摇右晃，一次又一次地向岩石发起"冲击"。可是，每当他刚把岩石搬动一点点的时候，岩石便又随着他的稍事休息而重新返回原地。小男孩气得直叫唤，使出吃奶的力气猛推猛挤。但是，他得到的唯一回报便是岩石滚回来时砸伤了他的手指。最后，他筋疲力尽，坐在沙滩上伤心地哭了起来。

这整个过程，他的父亲从不远处看得一清二楚。当泪珠滚过孩子的脸庞时，父亲来到了他的跟前。父亲的话温和而坚定："儿子，你为什么不用上所有的力量呢?"

男孩抽泣道:"爸爸,我已经用尽全力了,我已经用尽了我所有的力量!"

"不对,"父亲亲切地纠正道,"儿子,你并没有用尽你所有的力量。你还没有请求我的帮助。"

说完,父亲弯下腰抱起岩石,将岩石扔到了远处。

人各有短长,你解决不了的问题,对你的朋友或亲人而言或许就是轻而易举的,他们也是你的资源和力量。自己解决不了的难题可以依靠他人的力量克服。

"一个好汉三个帮",要善于待人接物,以便互相提携、互相促进、互相借重。钢铁大王安德鲁·卡内基曾预先写好他自己的墓志铭:"长眠于此地的人懂得在他的事业过程中起用比他自己更优秀的人。"而这,也正是他成功的秘诀之一。善于借助别人的力量,能让弱小的自己变得强大,让强大的自己变得更加强大,自己的成功也会持久。

挫折面前忍一忍

美国西部牛仔达比卖掉自己的全部家产,来到科罗拉多州追寻黄金梦。他围了一块地,用十字镐和铁锹进行挖掘。经过几十天的辛勤劳动,达比终于看到了闪闪发光的金矿石。继续开采必须有机器,他只好悄悄地把金矿掩埋好,暗中回家凑钱买机器。

当他费尽千辛万苦弄来了机器,继续进行挖掘时,不久就遇到了一堆普通的石头,达比认为:金矿枯竭了,原来所做的一切将一钱不值。他难以维持每天的开支,更承受不住越来越重的精神压力,只好把机器当废铁卖给了收废品的人，卷着铺盖卷儿回了家。

收废品的人请来一位矿业工程师对现场进行勘察，得出的结论是：目前遇到的是"假脉"，如果再挖3英尺，就可能遇到金矿。收废品的人按照工程师的指点，在达比的基础上不断地往下挖。正如工程师所言，他发现了丰富的金矿脉，获得了数百万美元的利润。

达比从报纸上知道这个消息后，气得顿足捶胸，追悔莫及。

人人都想停下来收手不干，只有富有忍耐力的人才会继续坚持，人人都因感到绝望而放弃信仰，只有富有忍耐力的人才会继续为自己的意见辩护。所以，一个人只要具有这种卓越品质，总能获得很大的收益、最终的成功。

做我们喜欢的事情，做我们感到富有趣味的事情，成功是容易得到的；但要尽力去做那些我们自己不喜欢的、甚至内心反对但却必须做的事情，是需要忍耐力的。

人的一生中会遇到许多意想不到的困难，坚强的人总是表现出极大的忍耐力。忍耐是战胜挫折的自信，是直面逆境的豁达。

一个卖花的老太婆微笑着，又老又皱的脸上荡着喜悦，冲动之下小伙子挑了朵花。

"今天你看起来很高兴。"小伙子说。

"为什么不呢？一切都这么美好。"老太婆穿得相当破旧，身体看上去很虚弱。因此她的回答令小伙子大吃一惊。

"你很能承受烦恼。"

"耶稣在星期五被钉在十字架上的时候，那是全世界最糟糕的一天，可3天以后就是复活节。所以当我遇到麻烦时，就学会了等待3天。一切就恢复正常了。"然后，她笑着道了声"再见"。

我们绝大多数人的处境毕竟要比卖花的老太婆强得多，我们有什么理由不乐观，不热爱生活呢？在遇到挫折和困难的时候，要有忍一忍的耐心。

成功也会成为包袱

伟大的文学家泰戈尔曾经说过："当鸟翼系上了黄金时，就再也飞不远了。"这句话形象地说明：暂时的成功有时会给人带来自满自大的消极后果，人们会因为一时的成功而背上沉重的包袱，停止了不断进取的脚步。

有史以来，人类就盼着有朝一日能飞上银钩妙境、蟾宫折桂，并由此产生了难以胜数的神话传说。因此，阿波罗登月飞行的成功无疑是划时代的壮举。可是，据闻，登月人埃德温·奥尔德林，在获此殊荣后不久，却精神崩溃了。巨大的常人难以逾越的成功，使他回到地球的生活顿然丧失了值得眷恋的魔力，使他好似处于一片虚无与真空之中，感到生命中有价值的活动已经到达了终点。梦想的实现，让他感到了前所未有的失落。

埃德温·奥尔德林的悲剧，主要是由于他对科学进步认识上的局限所导致的。的确，登月飞行是人类宇航事业破天荒的壮举，但它绝不是人类宇航科学发展的终点，而仅仅是起点。退一步说，就人类登月活动的远景、就人类试图在月球建立生存的另一处基地这一点来说，埃德温·奥尔德林他们成功的尝试也远远没有结束。如果把登月飞行的成功既看作一项突破，又看作一项事业的开端，就不会产生这样无所适从的结果。

一个人在功成名就之际，如果只是沉溺于现状，很容易就会觉得生活乏味空虚，就像有人说诺贝尔奖对许多作家是"死亡之吻"。既然得到诺贝尔奖的肯定，许多人就被压得再也难以创作，连日本著名作家川端康成在得奖之后都说："声誉也很容易成为使才能枯竭凝滞的根源……我希望从所有名誉中摆脱出来，让我自由。"

其实，暂时的成功只是对你目前成绩的一个肯定，它并不代表你的最终成就，真正伟大的人是绝对不会因此而停止进取的。

不要让眼前的"成功"成为你前进的包袱，没有任何成功是永远的。只有前 20 年成功，后 20 年成功，甚至再过 20 年还能成功的人，才称得上是真正的成功，梦想永远没有止境。

击好下一个球

有人问世界网球冠军海伦·威尔斯·穆迪："你的上一场温布尔登公开赛打得很艰难，当时，你与对手只有一分之差，你当时的感觉怎么样？你在想什么？"

"我在想什么？"她有点儿惊异，微笑着回答道，"我只有时间去想如何打好下一个球，击败对手！"

无疑，她又登上了英国网球的冠军宝座。在紧张的时刻保持冷静，发挥自己所有的潜能和技术，这才能造就冠军。

这是一个很好的镇静取胜的例子。只有在别人激动或者用一张严肃的脸掩饰内心的不安，而你却保持冷静，调动自己的每一根神经时，你才能够取得胜利。

如果她失去了自控，她就会失去比赛。如果她想象着比赛结束，自己取得胜利的场景，如果她在击球的过程中有一秒钟的走神，她都会以失败而告终。

有些人可能因为过于自信而失掉比赛，有些人可能因为过于恐惧而满盘皆输。赢得比赛和赢得人生的唯一办法就是认真地击好下一个球，做好每一件事。

如果我们专心致志于打好下一个球，而不是随后的球，也不是最后一个球，那么，我们一定能赢得比赛。

生活的秘诀在于控制自己的情绪。如果没有这种能力，如果我们不能把自己的精神集中起来，我们就会输掉比赛，甚至在比赛开始之前就已经输了。

不管目前的情况有多糟，调整好情绪，认真地击下一个球，这样整个比赛都会改观，即使失败也会在转瞬之间变成胜利。

无限的潜力

一位音乐系的学生走进练习室。在钢琴上，摆着一份全新的乐谱。"超高难度……"他翻着乐谱，喃喃自语，感觉自己弹奏钢琴的信心似乎跌到谷底，消磨殆尽。已经3个月了！自从跟了这位新的指导教授之后，不知道为什么教授要以这种方式整人。勉强打起精神，他开始用自己的十指奋战、奋战、奋战……琴音盖住了教室外面教授走来的脚步声。

指导教授是个极其有名的音乐大师。授课的第一天，他给自己的学生一份新乐谱。"试试看吧！"他说。乐谱的难度颇高，学生弹得生涩僵滞、错误百出。"还不成熟，回去好好练习！"教授在下课时，如此叮嘱学生。

学生练习了一个星期，第二周上课时正准备让教授验收，没想到教授又给他一份难度更高的乐谱，"试试看吧！"上星期的课教授也没提。学生再次挣扎于更高难度的技巧挑战。第二周，更难的乐谱又出现了。同样的情形持续着，学生每次在课堂上都被一份新的乐谱所困扰，然后把它带回去练习，接着再回到课堂上，重新面临双倍难度的乐谱，却怎么样都追不上进度，一点也没有因为上周的练习而有驾轻就熟的感觉。学生感到越来越不安、沮丧和气馁。

教授走进练习室。学生再也忍不住了，他必须向钢琴大师提出这三个月来他何以不断折磨自己的质疑。教授没开门，他抽出最早的那份乐谱，交给了学生。"弹奏吧！"他以坚定的目光望着学生。

不可思议的事情发生了，连学生自己都惊讶万分，他居然可以将这首曲子弹奏得如此美妙、如此精湛！教授又让学生试了第二堂课的乐谱，学生依然呈现出超高水准的表现……演奏结束后，学生怔怔地望着老师，说不出话来。

"如果，我任由你表现最擅长的部分，可能你还在练习最早的那份乐谱，而不会有现在这样的程度……"钢琴大师缓缓地说。

人，往往习惯于表现自己所熟悉、擅长的领域，而对陌生领域却抱一种恐惧的态度。如果我们愿意回首，细细检视，我们将会恍然大悟：看似紧锣密鼓的工作挑战，永无竭止的环境压力，不也就在不知不觉间成就了今日的诸般能力吗？因为，人，确实有无限的潜力！勇于挑战自己的弱点和不足，我们就能将自己的潜力转化为现实的动力。

人生需要冒险

一个小男孩在野外游玩时发现一窝鹰蛋，他欣喜若狂将其中最大的一只鹰蛋带回了家，与鸡蛋放在了一起。

不久，一只小鹰同一群鸡宝宝一块出生了。它们一块儿玩，一块儿抢食，快乐极了。

小鹰一天天地长大了，它虽然觉得生活有些烦闷，可又无可奈何。

有一天，一只老鹰从鸡场上空飞过，小鹰看见老鹰翱翔于蓝天之上，心中无比羡慕，它想：要是自己也能飞向天空该多好啊！可是自己怎么能够像老鹰一样呢？自己从来就没有张开过翅膀，没有任何飞行的经验。犹豫、徘徊、冲动……经过一阵紧张激烈的内心斗争，小鹰终于决定甘冒粉身碎骨的风险，也要展翅高飞。

想到这儿，小鹰感觉自己的双翼涌动着一股奇妙的力量，它勇敢地挥动着翅膀飞向了蓝天，而且越飞越高。

成功的捷径之一就是要敢于冒险。你肯定不想一辈子平庸无奇、碌碌无为，那么，你不妨向小鹰学习，勇敢地舞动翅膀，展翅高飞。

为什么要冒险？因为你不冒险永远不会有胜利。每一个人心里都希望自己能有所成就，达到某种境界。问题就在大家坐等机会来临，机会是不会光临守株待兔的人的，进取的人才能抓住机会。

或许你在读这篇文章时会说："你说得很好，但是我的环境不同，不允许我去冒险。"这种观念就是你的最大敌人。你在这种情形之下，正应冒更大的险。越是平平庸庸的人生越需要冒险。你的弱点要靠勇敢的行动来治疗。不妨做一些冒险尝试，现在就开始！

你要敢于想得更伟大，敢于要做一个伟大的人物，如此你将拥有更丰富的生命。

世界上到处充满机会。敢于冒险必然会有新的收获。在科学方面，在宗教方面，在商业方面，在教育方面，到处都需要有勇气面对困难的人才。社会迫切需要的是攻击性的人才，而非防御性的人才。

你平心静气地问问自己：你对生命作何想法，对你自己作何想法。你满意于就你目前能力所负的一点点责任吗？你满意于跟着别人后面生活下去吗？你画地自限地说我的能力到此为止吗？还是你心里自认为是属于弥足珍贵的少数者之一，怀抱着一种渴望的心情，有一天将攀登领导地位？假使是后者，你就是精英。你不必等待"有一天"，现在就开始。

不过，有一点你需要搞清楚：冒险绝不是冒冒失失的无端逞强和希图侥幸的投机取巧。冒险是有目的、有计划地对你的智慧和能力进行挑战。

冒险与收获常常是结伴而行的。险中有夷，危中有利。要想有卓越的成就就要敢于冒险。许多成功人士不一定比你"会"做，重要的是他们比你"敢"做。

如果你没有冒险精神，只愿意四平八稳地走在平坦的大道上，那么，你永远也成不了遨游蓝天的雄鹰，只能做一只在粪堆里扒食的小鸡。

一些人之所以一辈子平平庸庸、清清淡淡，直到走到人生的尽头也没有享受到真正成功的快乐和幸福的滋味，就是因为他们安于现状，不敢冒险，不敢走前人没有走过的路。

事实上，当你具有一定的冒险精神时，你就不会满足于现状，而是敢于进取。这种冒险往往会给你丰厚的回报。

你正年轻，风华正茂。走上社会，一方面要通过学习和实践不断增长智慧，另一方面是要永远保持冒险精神。裹足不前、安于现状的人，只能在当今瞬息万变的社会中被淘汰出局。

有冒险的生活，才有多姿多彩的人生。

第八章

每个人都有过机遇

　　选择和放弃的目的都是为了给自己一个更好的机会。很多人都抱怨生活中缺少机会。实际上，他们缺少的不是机会，而是发现机会的眼睛。抛弃抱怨，然后脚踏实地地去做，你就会发现处处都是机会。

机遇是金

有兄弟两个相约去某个海岛寻找金矿，到海岛的油船很少，半个月一班。为了赶上这趟船，两人都日夜兼程了好几天。当他们双双赶到离码头还有 100 米时，油船已经起锚。天气奇热，两人都口渴难忍。这时，正好有人推来一车柠檬茶水。油船已经鸣笛发动了，哥哥只瞟了一眼卖水车，就径直飞快地向油船跑去。弟弟则抓起一杯茶就灌，他想，喝了这杯茶也来得及。哥哥跑到时，船刚刚离岸 1 米，于是他纵身跳了上去。而弟弟因为喝茶耽搁了几秒钟，等他跑到时，船已离岸五六米了，于是，他只得眼睁睁地看着油船一点点远去……

哥哥到达海岛后，很快就找到了金矿，几年后，他便成为亿万富翁。而弟弟在半月后勉强来到海岛，但只落得做了哥哥手下的一名普通矿工……

许多人在听过这个故事后人都会由衷地发出感叹：机遇是金啊！从某种意义上说，这几秒钟就是机遇的所在。如果你赢得了这几秒钟，那么你就抓住了某个机遇，也许就此抓住了你想要的一切……

把握机遇是一种大智慧

机遇在一个人的发展中起着重要的作用，成功的人都善于把握机遇，在机遇到来时有敏锐的嗅觉和判断能力。当别人对机遇的到来还麻木不仁时，你能捷足先登，抢占先机，你就俘获了机遇。那些对机遇的到来懵然无觉或后知后觉的人，是不会得到机遇垂青的。

有人说："机遇可遇而不可求。"的确，机遇的产生有其内在规律。如果你有足够的勇气，睿智的头脑，敏锐的观察力、判断力，机遇就可以被"创造"出来。善于抓住机遇是一种智慧，而善于创造机遇更是一种大智慧。

在成功路上奔跑的人，如果能在机遇来临之前就能识别它，在它消逝之前就果断采取行动占有它，那么，幸运之神自然会眷顾他。

一个人主观条件的改善，和客观环境的改观，将有利于适应他发展的良好机遇的产生。大量的人才成长史实证明，客观机遇降临时，自身胆识等方面素质较强的人显然要比一般人更容易捕捉到它。才华出众是抓获机遇的最大资本。

对许多成功者发生决定性影响的机遇次数是极少的，少的只有一两次，多的也仅四五次。因此，对于渴求成功的人，机遇的质量重于数量。要选择对自身成长最有帮助的机遇，放弃那些对成才帮助不大的机会。尽可能使机遇在你的成才之路上发挥出最大的作用。

创造机遇、争取机遇需要花费极大的心血，但更为重要的是如何把握好机遇，使其发挥出最大的效力。若是耗费许多精力，好不容易争得了机遇，但却没好好珍惜它，运用和操作时未能把握好，最后只会功亏一篑而饮恨终身。

因此，当机遇向你靠拢时，尽管还带着某些不确定因素，这时最明智的做法是：眼疾手快，当机立断，将它抓获。握住机遇，眼力和勇气是不可缺少的。

机遇是一位神奇但又有些古怪的精灵。它对每一个人都是公平的，但它绝不会无缘无故地降生。只有经过反复尝试，多方出击，才能寻觅到它。

在成功的道路上，有的人不喜尝试，不愿走崎岖的小道，遇到艰辛或绕道而行，或望而却步，他们常与机遇失之交臂。而另一些人，总是很有耐性，尝试着解决难题，不怕吃千般苦，历万道险，结果恰恰是他们能抓住"千呼万唤始出来"的机遇。

可是，机遇不是一个温文尔雅的来客，它不会戴着白领带、穿着燕尾服、头顶高帽来登门拜访你。它对任何人都是公正的。它能悄悄地来到所有人的身边。有的人眼疾手快，将机遇迎来做客；有的人却麻木呆滞，使"到嘴的鸭子"逃之夭夭。要迎接机遇这位不速之客，需要下一番功夫，需要你开动智慧的头脑。

别让丢弃机会成为习惯

在我们看来，大多数情况下机会是没有规律的，它总是在不经意间来到我们身边，如果不养成好的习惯或是恰恰相反，就算把宝石送到你手里，你也会随手丢弃的。

有个年轻人，想发财想到几乎发疯的地步。每每听到哪里有财路，他便不辞劳苦地去寻找。有一天，他听说附近深山中有位白发老人，若有缘与他见面，则有求必应，肯定不会空手而归。

于是，那年轻人便连夜收拾行李，赶上山去。他在那儿苦等了5天，终于见到了传说中的老人，他请求老者赐珠宝给他。

老人便告诉他说："每天早晨，太阳未升起时，你到村外的沙滩上寻找一粒'心愿石'。其他石头是冷的，而那颗'心愿石'却与众不同，握在手里，你会感觉到很温暖而且会发光。一旦你寻到那颗'心愿石'后，你所祈祷的东西都可以实现了。"

青年人很感激老人，便赶快回村去。

每天清晨，那青年人便在沙滩上检视石头，发觉不温暖也不发光的，他便丢下海去。日复一日，月复一月，那青年在沙滩上寻找了大半年，始终也没找到温暖发光的"心愿石"。有一天，他如往常一样，在沙滩捡石头。

一发觉不是"心愿石",他便丢下海去。一粒、二粒、三粒……

突然,"哇……"青年人哭了起来,原来他刚才习惯地将一粒石头随手丢下海,丢下去后才发觉它是"温暖"的,它就是"心愿石"!

如果把"不是机会"当作一种习惯,那我们永远都无法得到机会的青睐,如同那个年轻人,他已经养成了丢弃机会的习惯,只能在悔恨中度过一生。

大胆秀自己

俗话说:"酒香不怕巷子深。"这话只适合过去,如今是酒香也怕巷子深。一个人无论才能如何出众,如果不善于把握,那他就得不到伯乐的青睐。所以人需要自我表现,而且自我表现时必须主动、大胆。如果你自己不去主动地表现,或者不敢大胆地表现自己,你的才能就永远不会被别人知道。

在电影《飘》中扮演女主角郝斯佳的费雯·丽,在出演该片前只是一位名不见经传的小角色。她之所以能够因此而一举成名,就是因为大胆地抓住了自我表现的良好机遇。

当《飘》已经开拍时,女主角的人选还没有最后确定。毕业于英国皇家戏剧学院的费雯·丽,当即决定争取出演郝斯佳这一十分诱人的角色。

可是,此时的费雯·丽还默默无闻,没有什么名气。怎样才能让导演知道"我就是郝斯佳的最佳人选"呢?这个问题成为她思考解决的一大关键。

经过一番深思熟虑后,费·雯丽决定毛遂自荐,方法是自我表现。一天晚上,刚拍完《飘》的外景,制片人大卫又愁眉不展了。突然,他看见一男一女走上楼梯,男的他认识,那女的是谁呢?只见她一手扶着男主角的扮演者,一手按住帽子,居然自己把自己扮作郝斯佳的模样。

大卫正在纳闷时，突然听见男主角大喊一声："喂！请看郝斯佳！"大卫一下子惊住了："天呀！真是踏破铁鞋无觅处，得来全不费工夫。这不就是活脱脱的郝斯佳吗？"

费雯·丽被选中了。

毋庸置疑，你的表现得到认可之时，就是机遇来临之日。请你务必记住一点：知道你、了解你才能的人越多，为你提供的机遇也就会越多。

当然，很多人或许不会像费雯·丽那样仅靠一次表现就获得成功。所以，我们必须有耐心和恒心，多表现自己几次。

在一个人面前表现不行，就在更多的人面前表现；在一个地方表现无效，就在其他地方进行表现。当你表现多了，被发现、被赏识的可能性就会大大增加。

站得高才能望得远

一位飞行员这样讲述他的经历：

"有一次我独自飞行在大洋上空，忽然看到远方有一团比黑夜更晦暗的风暴迅速朝我逼来。乌云如闪电一般立刻笼罩在四周。

"我知道无法赶在风雨来袭之前安全着陆，我俯视海洋，看看是否能冲出云层匍行海面上，但是海洋也掀起汹涌的波涛。我知道现在唯一可行的就是往上飞。于是驾着飞机飞向高空，让它上升 1000 英尺、2000 英尺、2500 英尺、3000 英尺、3500 英尺。天空骤然变得漆黑如夜。接着大雨倾盆而下，冰雹像子弹一般落下。我在 4000 英尺的高空，知道只有一条生路，就是继续往上飞。所以我就爬上 6500 英尺的高空，忽然，我冲进一片阳光灿烂的福地，这是我前所未见的景象。乌云都在我脚下，光彩夺目的苍穹伸展在我的上空。这种荣光似乎属于另一个世界。"

我们未曾活在至高之处，尚未追寻到理想的境界；我们只是与蜂蝶竞逐，还尚未与兀鹰比翼；我们常止于蜗牛学步，而不曾攀登高峰。

现实生活中，有些人却不愿像老鹰那样展翅于高空，他们只愿做一只栖息枝头的平庸的麻雀。向下或上的道路，都是由我们自己选择。我们只能看见平庸的生活。而向上，我们不仅能看见人生的美景，更能展示人生的风采。

皮鲁克是一位木匠的学徒，当他被派去做衣橱时，他的周薪只有400美元。当他完成工作后，他发现客户对自己善于利用空间以及他的木工技艺而感到满意时，皮鲁克以开阔的眼界，想到了一个主意，他用他从第一位客户那儿赚到的工资，开办了一家加州衣橱公司。

皮鲁克就凭着当时深受欢迎的"将拥挤的衣橱，转变成能有效利用的空间"的需求，在12年内就把自己的公司扩大成为在全美拥有一百多家加盟店的大企业，也引起其他衣橱制造业者一窝蜂跟进。1989年，皮鲁克将他的公司以1200万美金的价格出售了。

皮鲁克可以作为一个木匠而感到满足，因为他能认清自己的能力，他获得的成功甚至超过了当初的梦想。

当你选定了人生所追求的目标之时，你的视野就会变得越来越开阔，因为开阔的视野不仅会给你带来更多的机遇、更多的财富，同时还使你更具创造性，让你一步步走向成功的明天。

钻石就在脚下

印度流传着一个故事。

一天，一位老者拜访生活殷实的农夫阿利·哈费特，向他说道："你若得到拇指大的钻石，就能买下附近全部土地；倘若能发现钻石矿，还能让你儿子坐上王位。"

钻石的价值深深地印在了阿利·哈费特的心里。从此，他对什么都不满足了。有天晚上，他彻夜未眠。第二天一早，他便叫起老者请他指教在哪里能够找到钻石。老者想打消他那些念头，但阿利·哈费特听不进去，执迷不悟，仍缠着他要他说。老者只好告诉他："您去很高很高的山里寻找淌着白沙的河，若能找到这条河，白沙里一定埋着钻石。"

于是，阿利·哈费特变卖了自己所有的地产，让家人寄宿在街坊家里，自己出去寻找钻石。但他走啊走，始终没有找到宝藏。他终于失望，在西班牙尽头的大海边投海死了。

可是，这故事并没有结束。

一天，买了阿利·哈费特房子的人，把骆驼牵到后院的一条小河边让骆驼喝水。当骆驼把鼻子凑到河里时，沙中有块发着奇光的东西。那人立即挖出了一块闪闪发光的石头。他将石头带回家，放在炉架上。

过了些时候，那位老者又来拜访这户人家，他一进门就发现了那块闪光的石头，不由得奔上前。他惊奇地嚷道："阿利·哈费特回来了?"

"他还没有回来。这块石头是在后院小河里发现的。"新房主答道。

"您在骗我。"老者不相信，"我走进房间，就知道这里有奇迹。别看我有些唠唠叨叨，但我还是认得出这是块真正的钻石。"两人跑出房间，在那条小河边挖掘起来，很快就挖出一块更光亮的石头，而且以后又从这儿挖掘出了许多闪光的石头，包括给维多利亚女王的那块有名的钻石也是出于此。

读完这则故事，我们会为阿利·哈费特的执着感动，可怜他的遭遇。撇开这则故事纯粹的偶然性，我们会发现，很多时候钻石其实就在我们脚下。

现实的繁华和诱惑很容易让我们浮躁。我们很多人都喜欢谈理想、谈未来，确实每个人都有未来，"谈未来"是一个长盛不衰的话题。很多人没有在自己现在的拥有中发现未来，而固执地认为自己的未来在其他地方，为了并不存在的东西折腾几个来回，却仍然一无所获，顾影自怜时发现已是形容枯槁。

其实我们每个人的脚下都有一座钻石矿，只是有的人忽视脚下，将希望寄于遥远。而有的人就在自己脚下躬身耕耘，说不定哪一天，就觉得眼前一亮，发现原来机遇就在脚下，就在心里。

等待不如创造

"没有机会"永远是那些失败者的托词。当我们尝试着步入失败者的群体中对他们加以访问时，他们中的大多数人会告诉你他们之所以失败，是因为不能得到像别人一样的机会，没有人帮助他们，没有人提拔他们。他们还会向你抱怨好的地位已经人满为患，高级的职位已被他人挤占，一切好机会都已被他人捷足先登。总之，上天对不起他们。

但有骨气的人却从不会为他们寻找这样的托词。他们从不怨天尤人，他们只知道尽自己所能迈步向前。他们更不会等待别人的援助，他们是自助：他们不等待机会，而是自己制造机会。

等待机会成为一种习惯，这是一件危险的事。人的热心与精力，就是在这种等待中消失的。对于那些不肯努力而只会胡思乱想的人，机会是可望而不可即的。只有脚踏实地奋力前进，不肯轻易懈怠的人，才能看得见机会。

机会的降临往往是非常偶然的，机会就暗藏在你的日常行事之中。不管你从事哪一类事，其中都有机会。

伟大的成就和业绩，永远属于那些富有奋斗精神的人们，而不是那些一味等待机会的人们。应该牢记，良好的机会完全在于自己的创造。如果以为个人发展的机会在别的地方，在别人身上，那么一定会遭到失败。机会其实包含在每个人的人格之中，正如未来的橡树包含在橡树的果实里一样。

　　世界上最需要的，正是那些能够制造机遇的人。时机虽是超乎人类能力的大自然的力量，但人在机遇面前，不都是被动的、消极的。许多成就大事的人，更多的时候是积极地、主动地争取机会，"创造"机会。

　　培根指出："智者所创造的机会，要比他所能找到的多。正如樱树那样，虽在静静地等待着春天的到来，而它却无时无刻不在蓄锐养精。"人在待机之时，不能放松蓄锐养精的积累，还要时时窥测方位，审时度势、见缝插针，以寻求有利自身发展的机会。

　　当一个人计划周详，考虑缜密，在多种有利因素的配合下，时机常常会来到你的身边。一个强者，总能创造出契机，常常与机会结缘，并能借助机遇的双翼，搏击于事业的长空。

　　创造机会需要一种韧劲、磨劲，需要耐心。当你确定明确的奋斗方向，有坚定的信念，并时时刻刻准备"接纳"机遇时，就可能得到机遇女神的青睐。

机会藏在琐事中

　　美国企业家杰布里，曾讲起他少年时的一段经历。

　　在杰布里13岁时，他开始在他父母的加油站工作。有段时间，每周都有一位老太太开着她的车来清洗和打蜡。这个车的车内地板凹陷极深，很难打扫。而且，这位老太太极难打交道，每次当杰布里给她把车准备好时，她都要再仔细检查一遍，让杰布里重新打扫，直到清除掉每一缕棉绒和灰尘她才满意。

　　终于，有一次，杰布里实在忍受不了，他不愿意再侍候她。杰布里的父亲告诫他说："孩子，记住，不管顾客说什么或做什么，你都要学会控制自己的情绪，并以应有的礼貌去对待顾客。"

舒尔的事例也很有启发性。

舒尔在头天晚上接到姐姐的电话，说他们的母亲病得很重，将不久于人世，希望他能及时赶回来见母亲最后一面。

第二天一早，舒尔赶到了他工作的百货公司，请求辞职回家。经理答应了他的要求，但希望他能把当天的工作完成。这时候，有位老妇人走进了这家百货公司，漫无目的地在公司内闲逛，很显然是一副不打算买东西的样子。大多数售货员只对她瞧上一眼，就自顾自地忙其他事情去了，但舒尔主动跟她打招呼，很有礼貌地问她，是否有需要他服务的地方。这位老太太说她什么都不需要，即便如此，他仍然主动和她聊天，以显示他确实欢迎她。当老太太准备离去时，舒尔还陪她到街上，并为她拦了辆出租车。

老太太并没有马上走，而是找到了百货公司的经理。当她知道舒尔因为要回家看生病的母亲，而在最后一天的工作上还如此勤奋热心时，她简直惊呆了。

几个月后，舒尔突然接到一个陌生的电话，美国钢铁大王卡内基亲自邀请他加入钢铁公司，担任重要职务。直到这时舒尔才知道，他曾接待过的那位老太太是卡内基的母亲。

舒尔如果不是掩藏起心中的哀伤，热情地招待这位不想买东西的老太太，那么，他将永远不会获得这种极佳的晋升机会了。伟大的生活基本原则都包含在最普通的日常生活经验中，同样，真正的机会也经常藏匿在看来并不重要的生活琐事中。

你可以找 10 个你身边的普通人，问他们为什么不能在他们所从事的行业中获得更大的成就，那么这 10 个人当中，至少有 9 个人会告诉你，他们并未获得好机会。你不妨对他们的行为做一整天的观察，以便对这 9 个人做更进一步的正确分析。你将会发现，他们在一天的每个小时当中，正不知不觉地放弃着自动来到他们面前的良好机会。所以要想抓住机会，获得成功，千万不能忽视身边生活中的琐事。

失败也是一次机会

我们谁都不愿意失败，因为失败意味着以前的努力将付诸东流，意味着一次机会的丧失。但一生平顺，没遇到失败的人，怕是没有的。几乎所有人都存在谈败色变的心理，然而，若从不同的角度来看，失败其实是一种必要的过程，也是一种必要的投资。数学家习惯称失败为"或然率"，科学家则称之为"实验"，如果没有前面一次又一次的"失败"，哪里有后面所谓的"成功"？

全世界著名的快递公司 DIL 创办人之一的李奇先生，对曾经有过失败经历的员工则是情有独钟。每次李奇在面试即将走进公司的人时，必定会先问对方过去是否有失败的例子，如果对方回答"不曾失败过"，李奇直觉认为对方不是在说谎，就是不愿意冒险尝试挑战。李奇说："失败是人之常情，而且我深信它是成功的一部分，有很多的成功都是由于失败的累积而产生的。"

李奇深信，人不犯点错，就永远不会有机会，从错误中学到的东西，远比在成功中学到的多得多。

另一家被誉为全美最有革新精神的 3M 公司，也非常赞成并鼓励员工冒险，只要有任何新的创意都可以尝试，即使在尝试后是失败的，每次失败的发生率是预料中的 60%，3M 公司仍视此为员工不断尝试与学习的最佳机会。

3M 坚持的理由很简单，失败可以帮助人再思考、再判断与重新修正计划，而且经验显示，通常重新检讨过的意见会比原来的更好。

美国人做过一个有趣的调查，发现在调查的所有企业家中平均每人有三次破产的记录。即使是世界体坛顶尖的一流选手，失败的次数也毫不比成功的次数"逊色"。例如，著名的全垒打王贝比路斯，同时也是被三振最多的纪录保持人。

其实，失败并不可耻，不失败才是反常，重要的是面对失败的态度，是能反败为胜，还是就此一蹶不振？杰出的企业领导者，绝不会因为失败而怀忧丧志，而是回过头来分析、检讨、改正，并从中发掘重生的契机。

有一句话说得很有意思："最大的失败，就是为自己的失败寻找借口。"不愿面对失败与不肯承认失败同样糟糕。你在失败后若能把它当成人生的一堂必修课，你会发现，大部分的失败都会给你带来一些意想不到的好处！

挣脱"自我设限"

科学家做过一个实验：科学家把跳蚤放在桌子上，然后一拍桌子，跳蚤条件反射地跳起来，跳得很高。然后科学家在桌子的上方放一块玻璃罩后，再拍桌子，跳蚤再跳撞到了玻璃马上条件反射，跳蚤发现有障碍，就开始调整自己的高度。然后科学家再把玻璃罩往下压，然后再拍桌子。跳蚤再跳上去，再撞上去，再调整高度；就这样，科学家不断地调整玻璃罩的高度，跳蚤就不断地撞上去，不断地调整高度，直到玻璃罩与桌子高度几乎相平。这时，把玻璃罩拿开，再拍桌子，这时跳蚤已经不会跳了，变成了"爬蚤"。

跳蚤之所以变成"爬蚤"，并非它已丧失了跳跃能力，而是由于一次次受挫"变乖"了。它为自己设了一个高度，以免撞到玻璃上，而后来尽管玻璃罩已经不存在了，但玻璃罩已经"罩"在它的潜意识里，罩在心上，变得根深蒂固。行动的欲望和潜能被固定的心态扼杀了，这也就是我们所说的"自我设限"。

你是否也有类似的遭遇？生活中，一次次的受挫、碰壁后，奋发的热情、欲望就被"自我设限"压制、扼杀。对失败惶恐不安，却又习以为常，丧失了信心和勇气，渐渐养成了懦弱、犹豫、害怕承担责任、不思进取、不敢拼搏等不好习惯。

一旦有了这样的习惯，你将畏首畏尾，不敢尝试和创新，随波逐流，与生俱来的成功火种随之也就过早熄灭了。唯有你自己才能挣脱自我设限，没有任何人可以帮助你。

要挣脱自我设限，关键在自己。西方有句谚语说得好："上帝只拯救能够自救的人。"成功属于那些愿意成功的人。如果你不想去突破，挣脱固有想法对你的限制，那么，没有任何人可以帮助你。不论你过去怎样，只要现在调整心态，明确目标，乐观积极地去行动，那么你就能够扭转劣势，更好地成长。

丹尼斯加入某保险公司快一年了，他始终忘不了工作第一天打的第一个电话。当他热情地拨通电话，联络自己的第一个客户时，没想到他刚说明了自己的工作身份，对方就非常生硬地打断了他的话，不但拒绝了他的推销，更是将他骂了一顿，声称自己身体很好，不需要什么保险。从那以后，再打电话推销时，丹尼斯心中便有了阴影，说话没有任何立场，讲解吞吞吐吐，自然没有人愿意向他买保险。

这片阴影越来越大，他甚至不再愿意去摸电话。工作近一年的时间，他一份保单都没有签成。他开始想，自己或许并不适合这份工作，自己的口才不好，没有打动别人的能力，他灰心极了。经理鼓励他要自己给自己机会，没有谁生来就注定成功，也没有人会一直失败。听了经理的话，丹尼斯深受激励，他鼓足勇气，决定搏一搏。他找出一个曾经联系过却被拒绝的客户的资料，仔细研究他的需要，选择了一份适合他的险种。一切准备妥当后，他拨通了对方的电话，他的自信和真诚征服了那个客户，对方买下了他推销的保险。丹尼斯终于打破了自我设限，尝到了成功的滋味。

其实，自我设限远远没有你想象的那样恐怖，它并不是牢不可破的。只要你摒弃固有的想法，尝试着重新开始，你便不会再有以前的忧虑和消极了。

第九章

做人做事，先舍后得

　　在选择与放弃中，得不到往往是因为想不到，而这一切往往根源于我们不自觉地被那些僵化、固定的思维所束缚。思想的高度决定行动的力度，如果你的某些行为方式是必须放弃的，那肯定是你的某些思维方式。

做人做事，刚柔并济

刘悼是一所名牌大学的毕业生，她活泼、热情、大方、干练。她挑选了一家知名度较高的合资企业，并如愿做了公司的文员。

刘悼挑选合资企业是因为这样更容易实现自己的抱负——当个领导。她要在这里学习外国人先进的管理经验，同时也积攒点钱，为日后自己的发展打基础。因此，从底层做起的思想准备很充分。

她所在的办公室连她才 3 个人，一个是四十多岁的查理，一个是与她年龄差不多的张超。查理是头，经常与领导外出谈生意，张超忙着永远也不见少的文件资料，每当电话铃声一响，张超总是朝刘悼努努嘴，示意要她听电话，她手头的活再忙也得放下。要是有客户来，端茶递水也总是刘悼干的活。至于业务上的事，任刘悼怎样态度谦恭地请教，查理和张超都挺会装聋作哑，除了是或不是，绝不多说半个字。

同事间的冷漠是刘悼最不理解的。如何适应一个冷漠的环境成了刘悼的心病，这样的事情是每一个踏入新环境，特别是初入新职位的人都会碰到的，所以尽量放低姿态，用自己的诚恳打动别人，是你应有的心理准备。刘悼的行为体现了这个原则。

做人做事，刚柔并济。生命的延续是艰难的，为了活下去，一个人必须辛勤地做事。为了成长和发展，必须努力克服挑战，设法解决许多难题。所以做事做人要刚柔并济，肯吃苦的人，不但精神生活充沛，得到的物质回报也多。这种人健康有活力，前程乐观。反之，好逸恶劳的人，会逐渐消沉、堕落。

做人做事，刚柔并济，代表一个人肯为自己的生活负责，是一位肯担当、不敷衍塞责的务实者，他们肯在失败中寻找教训和经验，肯在顺境中居安思危，冶炼自身，更重要的是他们有一种锲而不舍的乐观和冲劲。当别人笑他们不懂得享受时，他们却暗暗地告诉自己：劳动本身就是一种享受。依我们观察，这些人的干劲是多方面的，他们不但事做得好，家务和教育子女都很成功。

幸福是从我们的劳动、做事中产生的，事业是幸福的最主要源泉。很多民俗形象生动地说明了幸福来自做人做事，刚柔并济的真理。

有歌词唱道，生活就像爬大山，生活就趟大河。不管你是否愿意，生活总是不以人的意志为转移地将难题、困窘推到你的面前，让你时常领略到爬山、蹚河的滋味。所以必须做人做事，刚柔并济。

以德服人

中村是日本德川幕府第三代将军德川家光的大臣，他生性温和，慎思密虑，为人处世极谙收买人心之道。

当时，德川家族中有一位名叫德川秀忠的将军，此人手握兵权，非常讨厌别人抽烟，于是，他在军中下了一道命令：凡是士兵抽烟者，一律斩首。

有一天晚上，几个负责守卫城门的士兵在站岗时，发觉天气寒冷，又无事可干，想到深更半夜的肯定没人前来巡查，便躲在阴暗处每人点了一根烟。

哪知这一天，中村正好闲来无事，出来巡视。当士兵们发现中村时，掐灭烟头已经来不及了。士兵们心想：这下人赃俱获，看来性命难保。一个个惊恐不安，不知所措地站在那里。

中村若无其事地走上前去，先问了一下守卫的情况，然后对他们说："你们刚才抽的烟让我也抽一口，怎么样？"

士兵们谁也没想到中村会有这样的要求，疑惑不解地望着中村，但还是乖乖地拿出香烟交给中村。中村接过来，津津有味地抽了几口，便把香烟退还给他们。

"没想到烟这么可口，谢谢！"

说罢，转身走了。刚走了几步，他又转回来对士兵们说：

"今天的事，我也有份，希望今后再也不会有这种事情发生。要知道，你们的将军可是最讨厌抽烟的。"

据说，自此之后，士兵们抽烟的风气居然完全消失。

想使一个人臣服，财色诱惑和武力征服都不是最好的办法，以德服人才是上策。以高尚的品德收服人心是最好的选择。

把微笑挂在脸上

有一个成功人士在谈到笑的好处时说：

"我已经结婚18年了，在这段时间里，从我早上起来，到要上班的时候，我很少对太太微笑，或对她说上几句话。我是最闷闷不乐的人。

"既然你要我对微笑也发表一段谈话，我就决定试一个礼拜看看。因此，第二天早上梳头的时候，我就看着镜子对自己说：'威尔森，你今天要把脸上的愁容一扫而空。你要微笑起来。现在就开始微笑。'当我坐下来吃早餐的时候，我以'早安，亲爱的'跟太太打招呼，同时对她微笑。

"你曾说，她可能大吃一惊。你低估了她的反应。她被搞糊涂了。她惊愕不已。我对她说，她从此以后可以把我这种态度看成惯常的事情。而我每天早晨这样做，已经有两个月了。

"这种做法改变了我的态度，在这两个月中，我们家所得到的幸福比去年一年还多。

"现在，我要去上班的时候，就会对大楼的电梯管理员微笑着说一声'早安'。我以微笑跟大楼门口的警卫打招呼。我对地铁的出纳小姐微笑，当我跟她换零钱的时候。当我到达公司，我对那些以前从没见过我微笑的人微笑。

"我很快就发现，每一个人也对我报以微笑。我以一种愉悦的态度，来对待那些满肚子牢骚的人。我一面听着他们的牢骚，一面微笑着，于是问题就更容易解决了。我发现微笑带给我更多的收入，每天都赚来更多的钞票。"

卡耐基说过："笑是人类的特权。"微笑是人的宝贵财富，微笑是自信的标志，也是礼貌的象征。人们往往依据你的微笑来获取对你的印象，从而决定对你所要办的事的态度。只要人人都献出一份微笑，办事将不再感到为难，人与人之间的沟通将变得十分容易。

现实的工作、生活中，一个人对你满面冰霜、横眉冷对，另一个人对你面带笑容、温暖如春，他们同时向你请教一个工作上的问题，你更欢迎哪一个？显然是后者，你会毫不犹豫地对他知无不言，言无不尽；而对前者，恐怕就恰恰相反了。

一个人面带微笑，远比他穿着一套高档、华丽的衣服更吸引人注意，也更容易受人欢迎。因为微笑是一种宽容、一种接纳，它缩短了彼此的距离，使人与人之间心心相通。喜欢微笑着面对他人的人，往往更容易走入对方的天地。难怪学者们强调："微笑是成功者的先锋。"

的确，如果说行动比语言更具有力量，那么微笑就是无声的行动，它所表示的是："你使我快乐，我很高兴见到你。"笑容是结束说话的最佳"句号"，这话一点不假。

有微笑面孔的人，就会有希望。因为一个人的笑容就是他传递好意的信使，他的笑容可以照亮所有看到它的人。没有人喜欢帮助那些整天愁容满面的人，更不会信任他们；很多人在社会上站住脚是从微笑开始的，还有很多人在社会上获得了极好的人缘也是从微笑开始的。

任何一个人都希望自己能给别人留下好感，这种好感可以创造出一种轻松愉快的气氛，可以使彼此成为朋友。一个人在社会上就是要靠这种关系才可立足，而微笑正是打开愉快之门的金钥匙。

有人做了一个有趣的实验，以证明微笑的魅力。

他给两个人分别戴上一模一样的面具，上面没有任何表情，然后，他问观众最喜欢哪一个人，答案几乎一样：一个也不喜欢，因为那两个面具都没有表情，他们无从选择。

然后，他要求两个模特儿把面具拿开，现在舞台上有两张不同的脸，他要其中一个人把手盘在胸前，愁眉不展并且一句话也不说，另一个人则面带微笑。

他再问每一位观众："现在，你们对哪一个人最有兴趣？"答案也是一样的，他们选择了那个面带微笑的人。

如果微笑能够真正地伴随着你生命的整个过程，这会使你超越很多自身的局限，使你的生命自始至终生机勃发。

用你的笑脸去欢迎每一个人，那么你会成为最受欢迎的人。

欣赏对手

乔治和马克是一对十分要好的朋友，在一家公司的同一部门工作。因为部门主管升迁，公司准备在部门里选拔一个新的主管。消息传开后，大家都闻风而动，都希望自己入选。后来，传来内部消息，老板主要在考察乔治和马克，他们俩的能力都很突出，尤其是乔治，办事能力强，为人也不错。

马克得知乔治就是自己的竞争对手，便暗下决心，想着一定要把乔治挤掉。但他也明白，如果堂堂正正地竞争，自己不是乔治的对手。于是，他四处活动，在上司面前极尽献媚之能事，除夸大自己的能力外，还时时给老板一个暗示——乔治有许多缺点，他不适合这个职位。在马克的阴谋活动下，他终于把乔治挤了下去。但是，当他坐到那个梦寐以求的位子上时，他才发现，他根本就不是胜利者，多数人对他嗤之以鼻，他的工作无法顺利开展，而且每次面对乔治，他都心怀愧疚。仅仅过了半年，由于工作没有成效，他就被免职了。

现代社会中，不可避免地存在竞争。生活中几乎每个人都有对手。对手可能是你的同学，你的朋友，你的敌人。采用什么样的态度去对待你的竞争对手，看起来是一件小事，但却决定一个人的成败。换句话说，适当的竞争能够促进一个人快速成长，并促进一个人各方面不断成熟起来。这一切的关键是你对竞争对手持什么样的态度。

有了竞争对手，不是整天盘算着要如何打击对方，而是从欣赏的角度，处处学习对手，并以对手的标准来要求自己，你才能成为真正的胜者。事实上，欣赏对方比打击对方更有效。

友善比强硬更有力量

一天，太阳和风争论究竟谁比谁强大。风说："我比你更强大，你看，下面那个穿着外套的老人，我打赌可以比你更快让他把外衣脱下来。"风说完后，便使劲地向着老人吹去，想把老人的外套吹下来，但是他愈吹，老人愈把外套紧紧地裹在身上。

后来，风吹累了，没力气再吹了。这时太阳才从云的背后走了出来，温暖的阳光撒在老人身上，没有多久，老人就开始擦汗了，并把外套脱了下来。

太阳对风说："友善比强硬更有力量！"

太阳能比风更快教老人脱下外套，温和、友善和赞赏的态度更能使人改变心意，这是咆哮和猛烈攻击所望尘莫及的。用斗争的方法，你会一无所获，甚至损失惨重；而用让步的方法，结果会让你喜出望外。

1915年，美国发生了工业史上最激烈的罢工，持续达2年之久。愤怒的矿工要求小洛克菲勒管理的科罗拉多燃料钢铁公司提高工资。由于群情激奋失去了理智，公司的财产遭受损坏，以致军队前来镇压，酿成流血事件，最后，工人伤亡惨重。

令人意想不到的是：在这民怨沸腾、局面几乎失控的情况下，小洛克菲勒后来却赢得了罢工者的信服，慢慢稳定了局势。他花了大量时间走访工人，尝试与他们结为朋友，及时向罢工代表发表演讲。这次演讲不但平息了众怒，还为他自己赢得了不少赞赏。一切的一切都源于他的一次演讲。

下面是他演讲的内容：

"这是我一生当中最值得纪念的日子。这是我第一次有幸能和这家大公司的职工代表、公司行政人员和管理人员见面。我可以告诉你们，我很高兴站在这里，有生之年都不会忘记这次聚会。如果这次聚会提前两个星期举行，那么对你们来说，我只是个陌生人，我也只认得少数几张熟悉的面孔。从上个星期以来，我有机会拜访附近整个南区矿场的营地，私下和大部分代表谈话。我拜访过你们的家庭，与你们的家人见了面，所以现在我不算是陌生人，可以说是大家的朋友了。基于这份互助的友谊，能有这个机会和大家讨论我们的共同利益，我很高兴。

"因为这个会议是由资方和劳工代表所组成，承蒙你们的好意，我得以坐在这里。虽然我并非股东或劳工，但我深感与你们关系密切。从某种意义上说，也代表了资方和劳工……"

小洛克菲勒处理得如此恰当得体，以致工人的愤怒渐渐平息下来，劳资双方都开始理智地处理问题；如果他采取强硬的方式，无异于火上浇油，只会把局势弄得不可收拾。

曾经有一句格言：一滴蜜汁比一加仑毒药能捕到更多的苍蝇。如果你想让一个人接受你和你的意见，首先你要让他认为你对他是非常友善的，是全心为他着想。你不能强迫别人同意你的意见，但却可以用引导的方式，温和而友善地使他屈服。选择友善永远比选择强硬更有力量。

防人之心不可无

珍妮在一家大的电脑公司做广告设计。一天上午，部门经理布朗先生把大家召集到办公室开了一个会，通知大家公司将为新推出的一款最强劲的电脑做一个非常特殊的广告。部门经理告诉大家这次设计与往常不同的是，不是由他们部门推选出最佳的设计作品，而是由总经理亲自从广告部员工的作品中挑选最好的设计。被挑中的员工将负责这个广告的操作，并会得到一笔丰厚的奖金。部门经理还告诉大家上交作品的时间是 12 号，获胜者将于 16 号揭晓。

16 号早上珍妮觉得异常激动，因为她对自己上交的设计非常满意，她非常有可能赢得这次设计。但是当她走到宣传栏时，她呆住了，因为她发现获奖者不是她，而是露茜。露茜的作品与珍妮的非常相近，所不同的只是露茜说明得更详细些而已。

珍妮突然意识到肯定是露茜抄袭了她的作品，因为她记得有一天她吃完午餐回来的时候发现露茜正靠在她的办公桌旁，在看她的笔记，而笔记本上记的正是珍妮的设计作品。这时候珍妮回忆起同事们曾经议论过露茜，好像她以前也做过类似的事情。但珍妮感到十分无助，她并没有任何证据可以证明露茜抄袭她的作品。

刚开始时，珍妮也想了很多的应对方案，但是似乎没有一种方案可以解决问题。那么她应该怎么做呢？"等一等，"珍妮想，"是否我的思维方式有问题呢？我也许应该改变的是解决方法，而不是问题本身。问题并不在于露茜是否抄袭了我的设计方案，而在于我，我为什么把设计作品放在办公桌上呢？我未免太粗心了吧？"这次珍妮想对了，她抓住了问题的实质。

重新考虑这个问题已然是无济于事了，因为事情已经发生了，但是珍妮懂得了问题到底出在了什么地方，之所以出现问题是因为她太粗心了。她明白与其说要扭转当前的局面，还不如采取措施杜绝以后再发生此类事情。因为虽然这次失败了，但只要保证以后不再犯这样的错误了，从长远来看，一定会从中受益无穷的。做自己力所能及的事情，努力去改变自己的弱点，是一个非常宝贵的教训，会帮助我们避免许多麻烦。

珍妮意识到她根本不能够确定周围的人到底是诚实还是不诚实——因此她会视情况而定，来判断别人到底是否诚实。这样，她就做好了两手准备，做到了"害人之心不可有，防人之心不可无"，杜绝了类似事情的发生。

无为做人胜有为

有一天晚上，卡耐基参加一个宴会。宴席中，坐在他右边的一位先生讲了一段幽默故事，并引用了一句话，意思是谋事在人，成事在天。那位健谈的先生提到，他所引用的那句话出自《圣经》。然而，卡耐基发现他说错了，那句话是莎士比亚说的，他很肯定地知道出处，一点疑问也没有。为了表现优越感，卡耐基很认真又很讨嫌地纠正了过来。那位先生立刻反唇相讥："什么？出自莎士比亚？不可能！绝对不可能！"那位先生一时下不来台，不禁有些恼怒。

当时卡耐基的老朋友法兰克·葛孟坐在他的身边。葛孟研究莎士比亚的著作已有多年，于是卡耐基就向他求证。葛孟在桌下踢了卡耐基一脚，然后说："戴尔，你错了，这位先生是对的。这句话出自《圣经》。"

在回家的路上，葛孟说："戴尔，那句话确实是莎士比亚的。准确地说，在《哈姆雷特》第五幕第二场。可是亲爱的戴尔，我们是宴会上的客人，为什么要证明他错了？那样会使他喜欢你吗？他并没有征求你的意见，为什么不保留他的脸面，而是要说出实话去得罪他呢？"

一些无关紧要的小错误，放过去无伤大局，那就没有必要去纠正它。这不仅是为了自己避免不必要的烦恼和人事纠纷，而且也顾及了别人的面子，不致给别人带来无谓的烦恼。这样做，并非只是明哲保身，更体现了做人的度量。

"无为做人胜有为。"它表现在一方面努力争取，另一方面又抱持耐心，等待机会。

最容易令人沉不住气的情况是自己以为已做到最好，但领导好像就是没有看见，丝毫没有表示；自以为最有机会升级，谁知领导提升了别人。

碰到上述情形，最好作自我反省。你的表现真的无懈可击？有没有什么地方值得改善？我们假定领导提拔别人，是个客观、理性的决定。那么，别人获得提拔，他一定比我们更适合坐上较高的位置，我们应向他学习。

等待时机需要保持警觉，因为机会随时会降临。这要求你保持最佳状态，对做事绝不松懈，沉不住气的人，容易自怨自艾，或变得偏激主观，做出令人惋惜的举动，以致令长期辛苦耕耘而得到的成果毁于一旦。

世事岂能尽如人意，但求无愧于心。努力争取表现，然后耐心等待机会。

方法比努力更重要

人们自觉不自觉地为自己戴上了很多假面具，以至于常常不能用最简单有效的方式做事。比如，在努力的过程中，常常用"我只能这样做"这样一个假面具遮挡自己，实际上，只要动动脑筋，就会找到更好的方法。

劳尔在 16 岁的时候，暑假将临之际，他对爸爸说："爸爸，我不要整个夏天都向你伸手要钱，我要找个工作。"

父亲从震惊中恢复过来之后对劳尔说："好啊，劳尔，我会想办法给你找个工作。但是恐怕不容易。现在正是人浮于事的时候。"

"你没有弄清我的意思，我并不是要您给我找个工作，我要自己来找。还有，请不要那么消极。虽然现在人浮于事，我还是相信自己能找个工作。有些人总是可以找到工作的。"

"哪些人？"父亲带着怀疑问。

"那些会动脑筋的人。"儿子回答说。

劳尔在广告栏上仔细寻找，找到了一个很适合他专长的工作，广告上说找工作的人要在第二天早上 8 点钟到达 42 街一个地方。劳尔并没有等到 8 点钟，而是 7 点 45 分就到了那儿。他只看到有 20 个男孩排在那里，准备抢先去求见，他是队伍中的第 21 名。

怎样才能引起特别注意而竞争成功呢？这是他的问题，他应该怎样处理这个问题？他进入了那最令人痛苦也最令人快乐的程序——思考。在真正思考的时候，总是会想出办法的，劳尔终于就想出了一个办法。他拿出一张纸，在上面写了一些东西，然后折得整整齐齐，走向秘书小姐，恭敬地对她说："小姐，请你马上把这张纸条转交给你的老板，这非常重要。"

她是一名老手，如果他是个普通的男孩，她就可能会说："算了吧，小伙子。你回到队伍的第 21 个位子上等吧。"但她的直觉告诉她，他不是普通的男孩，他散发出高级职员的一种气质。她把纸条收下了。

"好啊！"她说，"让我来看看这张纸条。"她看了不禁微笑了起来。她立刻站起来，走进老板的办公室，把纸条放在老板的桌上。老板看了也大声笑了起来，因为纸条上写着：

"先生：我排在队伍中第 21 位，在你没有看到我之前，请不要做决定。"

劳尔得到了工作。

的确，努力也要讲究方法，把动脑和勤奋结合起来，知道怎样努力才能取得最佳效果，就像我们常说的"工欲善其事，必先利其器"。只有方法正确，做起事来才会事半功倍，而单纯地埋头苦干，则难见起色。

知识不等于智慧

从前有个读书人，书读得多了，有些迂腐，因为他不管做什么事情，都喜欢引经据典，用他自己的话来说，就是"不违古训"。

有一天，他家里失火了，他的嫂子气喘吁吁地对他说："速喊你哥哥救火，他在隔壁二叔家下棋。"

读书人出了大门，自言自语道："嫂嫂叫我速速，圣贤书上不是说过，'欲速则不达'！我焉能速之！"于是，他慢慢吞吞地走到了二叔家，一见哥哥正在兴高采烈地下棋，便默默地立在哥哥身旁观棋。等到一局下完了，他才说道："哥哥，家中失火了，嫂子叫你回去速救！"

他哥哥一听，气得浑身直抖，骂道："你在这里立了半天，干吗不早说？"他指着棋盘上的字说："兄不见此棋盘上写着'观棋不语真君子'吗？"

他哥哥见他还在假斯文，脸色铁青举起拳头要打他，但又缩了回来。他见哥哥缩回拳头，反而把脸凑了过去，说道："哥哥，你打吧！棋盘上不是明明写着'出手无悔大丈夫'，你怎么又把手缩回去了呢？"

看这个书呆子弟弟，哥哥简直哭笑不得，实在不知道该怎样和他解释这其中的道理。

无论是在古代还是现在，只知道教条搬用书本知识的人，永远也不会具备独立生存的能力。知识不代表智慧，因为知识是死的，只有把知识和实践相结合的人，才能真正地发挥出他的聪明才智。

一个只知道啃书本却不懂得实际操作的学生和一个虽然没有机会上大学却在残酷的生存竞争中熟知人情世故的文盲相对垒，前者显然是要打败仗的。

一个初出茅庐的书生常常会不知道自己的真实分量，他往往生活在一个理想的王国里。但我们所生活的这个真实世界，往往并不在意他拥有多少高深的理论和渊博的学识。时代的弄潮儿并不是那些满腹经纶却不通世故的人，而是那些能适应现实的人。

所以说，知识不等于智慧，掌握了一点书本知识就自以为是、沾沾自喜的人不知道天高地厚，这样的人永远也不可能取得真正的成功。只有经过现实社会的磨砺，从社会经历中获取技巧和智慧，才是初出茅庐的人的最好选择。

坚持不盲从

每个人都是一个独立的个体，而且有思想，会思考，无论遇到什么问题都有自己独立的见解。爱默生就曾经说过："想要成为一个真正的'人'，首先必须是个不盲从的人。你心灵的完整性是不容侵犯的……当我放弃自己的立场，而想用别人的观点去看一件事的时候，错误便造成了……"

的确，一个人，只要认为自己的立场和观点正确，就应勇敢地坚持下去，而不必在乎别人如何去评价。

美国实业家埃德沃在最初创业时，只有一台价值 200 美元分期付款赊来的草坪修剪机。第二次世界大战结束后，他做生意赚了点钱，于是就决定从事地皮生意。当时，在美国从事地皮生意的人并不多，因为战后人们一般都比较穷，买地皮建房子，建商店、盖厂房的人很少，地皮的价格也很低。当亲朋好友听说埃德沃要做地皮生意，都强烈地反对。而埃德沃却坚持己见，他认为反对他的人目光短浅，虽然连年的战争使美国的经济很不景气，可美国是战胜国，经济会很快进入大发展时期，到那时买地皮的人一定会增多，地皮的价格会暴涨。于是，埃德沃用手头的全部资金再加一部分贷款在市郊买下很大的一片荒地。这片土地由于地势低洼，不适宜耕种，所以很少有人问津。但是埃德沃亲自观察了以后，还是决定买下了这片荒地。他的预测是，美国经济会很快繁荣，城市人口会日益增多，市区将会不断扩大，必然向郊区延伸，在不远的将来，这片土地一定会变成黄金地段。

后来的发展验证了他的预见。不到3年时间，美国城市人口剧增，市区迅速发展，大马路一直修到埃德沃买的土地边上。这时，人们才发现，这片土地周围风景宜人，是人们夏日避暑的好地方。于是，这片土地价格倍增，许多商人竞相出高价购买，但埃德沃不为眼前的利益所惑，他还有更长远的打算。后来，埃德沃在这片土地上盖起了3幢商务办公用楼。由于它的地理位置好，交通发达，开业后，顾客盈门，生意非常兴隆。从此以后，埃德沃的生意越做越大，他本人也成为一名成功的商业人士，成为他人尊崇的对手。

没有独立思维方法、生活能力和主见的人，只会人云亦云，随波逐流，生活、事业更无从谈起。只有把别人的话当参考，按着自己的主张走，一切才处之泰然。

多做事，少抱怨

"烦死了，烦死了！"一大早就听佳玉不停地抱怨，一位同事皱皱眉头，不高兴地嘀咕着："本来心情好好的，被你一吵也烦了。"

佳玉现在是公司的行政助理，事务繁杂，是有些烦，可谁叫她是公司的管家呢，事无巨细，不找她找谁？

其实，佳玉性格开朗，工作起来认真负责。虽说牢骚满腹，该做的事情，一点也不曾怠慢。设备维护、办公用品购买、交通讯费、买机票、订客房……佳玉整天忙得晕头转向，恨不得长出8只手来。再加上对人热情，中午懒得下楼吃饭的人还请她帮忙叫外卖。

刚交完电话费，财务部的小李来领胶水，佳玉不高兴地说："昨天不是刚来过吗？怎么就你事情多，今儿这个、明儿那个的？"抽屉开得噼里啪啦，她翻出一个胶棒，往桌子上一扔，"以后东西一起领！"小李有些尴尬，又不好说什么，只好赔笑脸："你看你，每次你找人家报销都叫亲爱的，这么点事求你，脸马上就长了。"

大家正笑着呢，销售部的王娜风风火火地冲进来，原来复印机卡纸了。佳玉脸上立刻晴转多云，不耐烦地挥挥手："知道了。烦死了！和你说一百遍了，先填保修单。"单子一甩，"填一下，我去看看。"佳玉边往外走边嘟囔："综合部的人都死光了，什么事情都找我？"对桌的小张气坏了："这叫什么话啊？我招你惹你了？"

态度虽然不好，可整个公司的正常运转还真离不开佳玉。虽然有时候被她抢白得下不来台，但没有人说什么。怎么说呢？应该做的她都尽心尽力做好了。可是，那些"讨厌"，"烦死了"，"不是说过了吗"，等等，实在是让人不舒服。特别是同办公室的人，佳玉一叫，他们头都大了。"拜托，你不知道什么叫情绪污染吗？"这是大家的一致反应。

年末的时候公司民主选举先进工作者，大家虽然都觉得这种活动老套可笑，暗地里却都希望自己能榜上有名。奖金倒是小事，谁不希望自己的工作得到肯定呢？领导们认为先进非佳玉莫属，可一看投票结果，50多份选票，佳玉只得12张。

有人私下说："佳玉是不错，就是嘴巴太厉害了。"

佳玉很委屈："我累死累活的，却没有人体谅……"

什么叫费力不讨好？像佳玉这样，工作都替别人做到家了，嘴上为逞一时之快，抱怨上几句，结果前功尽弃。冷语伤人，说者无心，听者有意。

所以，既然做了，就心甘情愿些吧，抱怨是无济于事的，相反还会使你的功劳被埋没。

少发牢骚，多做实事吧，这样才最有益你的成长进步：

1. 抱怨不解决任何问题

分内的事情你可以逃过不做么？既然不管心情如何，工作迟早还是要做，那何苦叫别人心存芥蒂呢？你太不聪明了。有发牢骚的工夫，还不如动动脑筋想想办法：事情为什么会这样？我所面对的可恶现实与我所预期的愉快工作有多大的差距？怎样才能如愿以偿？

2. 发牢骚的人没人缘

没有人喜欢和一个絮絮叨叨、满腹牢骚的人在一起相处。再说，太多的牢骚只能证明你缺乏能力，无法解决问题，才会把一切不顺利归咎于种种客观因素。若是你的上司见你整日哼哼唧唧，他恐怕会认为你做事太被动，不足以托付重任。

3. 冷语伤人

同事只是你的工作伙伴，而不是你的兄弟姐妹，就算你句句有理，谁愿意洗耳恭听你的指责？每个人都有貌似坚强实则脆弱的自尊心，凭什么对你的冷言冷语一再宽容？很多人会介意你的态度："你以为你是谁？"何况很多人不会把你的优点放在心上，一件事造成的摩擦就可能使你一无是处。

4. 重要的是行动

把所有不满意的事情罗列一下，看看是制度不够完善，还是管理存在漏洞？公司在运转过程中，不可能100%地没有问题，但总出问题也是不正常的。怎么会有那么多叫你心烦的事？一定是哪个环节出了问题。那么，快找出来，解决它；如果是职权范围之外的，最好与其他部门协调，或是上报公司领导。请相信，只要你有诚意，没有解决不了的问题。

当然，如果你尽力了，该做的都做到了，但还是无法力挽狂澜，那么不要指天骂地，恨命运残酷。不妨跳个槽，也许在一个新天地中你会找到自己满意的位置。

欲速则不达

生活的快节奏导致人心态上的一个重大变化，就是人们都太急于求名，急于求利，急于求成。殊不知任何事情都是有它发展的规律，欲速则不达的。

何谓急功近利？急切地追求短期效应而不顾长远影响；追求眼前利益，而不顾根本道理，谓之急功近利。

你如果急功近利，那说明你目光短浅，只看到眼前的境况，盲从世俗，胸无大志，心胸狭窄，认为吃穿好玩乐好便是好。而为了吃穿好玩乐好，你可以不择手段、不顾廉耻，成天绞尽脑汁、投机取巧，什么人格、尊严、德行、操守通通抛到九霄云外。你整天大汗淋漓、忙忙碌碌、辛辛苦苦，可最后什么也没捞到。

最浪费时间的一件事就是过早放弃，人们经常在做了90%的工作后，放弃了最后可以让他们成功的10%。这不但输掉了开始的投资，更丧失了经由最后的努力而发现宝藏的喜悦。很多时候，人们会开始一项新工作，学习新的技艺，但却在成果出现之前失望地放弃了。其实，任何新工作开始时都会有很多困难。刚开始时，每项工作都要付出艰辛，都要挣扎，但是过了一段时间，最初有压力的工作就会变得轻而易举。

力诫急于求成就要抱有一种平和的心态，能举重若轻和举轻若重。

既能举重若轻，又能举轻若重，才可以避免过分自信或自暴自弃。

作家因为功利而写不出好作品，艺术家因为功利而忽视了艺术和功底，运动员因为功利而会有违规行为。因为急功近利，多少人过早地戴上近视眼镜，为了摆脱眼前的困境，可以不顾未来的利益；为了求得一时的痛快，可以以长远的痛苦作为代价。难道我们都是功利的近视眼，难道我们的瞳孔里只有名和利？你也许一时得利，可是你付出的太多，得到的终归少得可怜。期望越大，失望也越大。过度失望，又会让你觉得活着真累，毫无幸福可言。

力诚急于求成，要求我们学会等待，知道如何等待的人具有深沉的耐力和宽广的胸怀。行事绝不要过分仓促，也不要受情绪左右。能制己者方能制人。在到达机会的中心地带之前，不妨先在时光的太空中漫游一番。明智的踌躇不定可使成功更牢靠，使机密之事能最后开花结果。时光的拐杖比大力士赫克利斯的铁棒还要管用。上帝惩罚人不是用钢铁般的手，而是用拖拖拉拉的腿（意谓不是不报，时候未到）。俗话说得好："留得青山在，不怕没柴烧。"命运对有耐心等待的人给予双倍的奖赏。

获取难得之物的最好方法就是对它们不屑一顾。世间之物，踏破铁鞋无觅处，得来全不费工夫。尘世万物是天国的影子，你追赶它们，它们就逃走；你逃离它们，它们却追随你而来。

会干更会说

理发师傅带了个徒弟。徒弟学艺 3 个月后，这天正式上岗，他给第一位顾客理完发，顾客照照镜子说："头发留得太长。"徒弟不语。

师傅在一旁笑着解释："头发长，使您显得含蓄，这叫藏而不露，很符合您的身份。"顾客听罢，高兴而去。

徒弟给第二位顾客理完发，顾客照照镜子说："头发剪得太短。"徒弟无语。

师傅笑着解释："头发短，使您显得精神、朴实、厚道，让人感到亲切。"顾客听了，欣喜而去。

徒弟给第三位顾客理完发，顾客一边交钱一边笑道："花时间挺长的。"徒弟无言。

师傅笑着解释："为'首脑'多花点时间很有必要，您没听说'进门苍头秀士，出门白面书生'？"顾客听罢，大笑而去。

徒弟给第四位顾客理完发，顾客一边付款一边笑道："动作挺利索，20分钟就解决问题。"徒弟不知所措，沉默不语。

师傅笑着回答："如今，时间就是金钱，顶上功夫，速战速决，为您赢得了时间和金钱，您何乐而不为？"顾客听了，欢笑告辞。

晚上打烊，徒弟怯怯地问师傅："您为什么处处替我说话？反过来，我没一次做对过。"

师傅宽厚地笑道："不错，每一件事都包含着两重性，有对有错，有利有弊。我之所以在顾客面前鼓励你，作用有二：对顾客来说，是讨人家喜欢，因为谁都爱听吉言；对你而言，既是鼓励又是鞭策，因为万事开头难，我希望你以后把活做得更加漂亮。"

徒弟很受感动，从此，他越发刻苦学艺。日复一日，徒弟不仅技艺日益精湛，而且逐渐学会怎样应酬各类客人。

有句话说："会说话，当钱花"，还有一句叫"会干的不如会说的"，都是强调会说话的重要性。

不仅要会干，也要会说，哪怕是一件极普通的日常小事，由于说话水平不同，所获得的效果和回报也会大不相同。

第十章

换个角度看人生

人生的格局也许难以改变，但怎么看却由你来决定。"横看成岭侧成峰，远近高低各不同。"换个视角看风景，风景便有不一样的风采；换个视角看人生，人生也会有不同发现。

换个角度看人生

有一少妇投河自尽,被正在河中划船的船夫救起。船夫问:"你年纪轻轻,为何自寻短见?""我结婚才两年,丈夫就抛弃了我,接着孩子又病死了。您说我活着还有什么意思?"船夫听了,想了一会儿,说:"两年前,你是怎样过日子的?"少妇说:"那时的我自由自在,没有任何烦恼……""那时你有丈夫和孩子吗?""没有。""那么你不过是被命运之船送回到两年前去了。现在你又自由自在,没有任何烦恼了,你还有什么想不开的?请上岸去吧……"听了船夫的话,少妇恍如做了一个梦,感觉心中豁然开朗,便离岸走了。从此,她没有再寻短见。她从另一个角度看到了希望的曙光。

记得有位哲人曾说:"我们的痛苦不是问题的本身带来的,而是因我们对这些问题的看法而产生的。"这句话很经典,它引导我们学会解脱,而解脱的最好方式是面对不同的情况,用不同的思路多角度地分析问题。因为事物都是多面性的,视角不同,所得的结果就不同。

相信一句话:要解决一切困难是一个美丽的梦想,但任何一个困难都是可以解决的。一个问题就是一个矛盾的存在,而每一个矛盾只要找到了合适的介点,都可以把矛盾的双方统一。这个介点在不停地变幻,它总是喜欢与那些处在痛苦中的人玩游戏。转换看问题的视角,就是不能用一种方式去看所有的问题及问题的所有方面。如果那样,你肯定会钻进一个死胡同,离那个介点越来越远,被混乱的矛盾困惑而不能自拔,就像之前的那个少妇一样有了轻生的打算。

活着是需要睿智的。如果你不够睿智，那至少可以豁达。以乐观、豁达、体谅的心态看问题，就会看出事物美好的一面；以悲观、狭隘、苛刻的心态去看问题，你会觉得世界一片灰暗。两个被关在同一间牢房里的人，透过铁栏看外面的世界，一个看到的是美丽神秘的星空，一个看到的是地上的垃圾和烂泥，这就是区别。

换个视角看人生，你就会从容坦然地面对生活。当痛苦向你袭来的时候，不要悲观气馁，要寻找痛苦的原因、教训及战胜痛苦的方法，勇敢地面对这多舛的人生。

换个视角看人生，你就不会为战场失败、商场失手、情场失意而颓废，也不会为名利加身、赞誉四起而得意忘形。

换个视角看人生，是一种突破、一种解脱、一种超越、一种高层次的淡泊宁静，可以获得自由自在的乐趣。转一个视角看待世界，世界无限宽大；换一种立场对待人事，人事无不轻安。

活着需要睿智，需要洒脱，如果这些你做不到，至少还可以勇敢。生活也许到处都有障碍，同时也到处都是通途，大胆地向前走吧。

不受偏激观念左右

无论做任何事情，都要三思。譬如，自始至终爱一个人就需要很大的勇气，特别是当对方移情别恋时。这种选择，充满了温暖和力量，亘古不变。

有这样一个男人，他非常爱他的老婆。但男人有些粗心，当察觉老婆移情别恋时，老婆已决心要嫁给别人，只等与他摊牌离婚了。

男人有点儿措手不及，想听听别人的意见。

一起长大的那帮小兄弟得知此事全都愤愤不平。少年时代，男人是小兄弟中威信最高的一个。他们看着他恋爱、结婚，当初他们还嫌那黄毛小丫头配不上他呢，没料她现在反倒过来要蹬了他，这口气哪能咽得下。"离婚？有那么方便吗？这不便宜了她？""这样的女人，要好好教训她！""她竟敢背叛你，凭你的条件，也找个女人气气她。"

比起来大学同学和现在的同事要通情达理些，观念当然也新得多。他们公认他的老婆是个聪慧的女人。"你要是真爱她，不妨成全她，她一定会在心里感激你，珍藏你们曾有的感情，说不定还会后悔与你分手。""天涯何处无芳草，凭你的条件，一定会找到更好的伴侣的。"……

他是个明白人。他知道儿时朋友的观念和建议无非是要他为自己争个面子，而那样做了只会让妻子恨透他而自己什么都得不到；他还知道大学同学的观念是时下流行的新观念，以自己一贯的处事方式应该这样做，潇洒道一声再见，生活重新展开。那么他最后究竟是怎么做的呢？他没有教训她，而是对妻子说："我希望你再多考虑一下，考虑好了，你说怎么办咱就怎么办，无论你做出什么决定，我都不会怪你的。"

谁知一心决定和他离婚的妻子听了他温怀款款的话，顿时感到内疚。她经过几天的认真考虑，想到了丈夫平日对自己的诸多好，想到了自己的任性，想到了夫妻昔日的恩爱……她最后告诉他：她不走了！他欣喜万分。

爱就是爱，不爱就是不爱，它是自由的，千万不能被偏激观念左右而做出后悔终身的事情。

另眼看美丑

有一对母女，母亲长得很漂亮，女儿却很丑。倒不是她的五官有什么问题，而是搭配有点偏离正常比例。为此，女儿十分自卑，常常怨天尤人。

母亲当然了解女儿的心事，为了帮助她摆脱心理困境，她把女儿带到照相馆去照相。

母亲对照相师的要求很奇怪，她不让照相师拍她女儿的整张脸，而是逐一对眼睛、鼻子、耳朵、嘴等五官单独拍特写。帮女儿拍完照后，她又拿出美国著名女星玛丽莲·梦露的头像，让照相师翻拍，并把五官一一割开。

照片一冲出来，母亲就把女儿的五官照片和著名女星玛丽莲·梦露的五官照片一一对照贴到女儿卧室的墙上。

每当女儿自卑的时候，母亲就让女儿看看那些被分割的照片，说："和世界上最著名的美女比较一下，你哪个地方会比她差？"

还未成年的女儿迷惑地看了看母亲，将信将疑。后来，她把自己的这些照片指给那些闺中密友看。密友在不知情的情况下，有的说照片上的眼睛比那个外国佬的眼睛迷人，有的说照片上的嘴巴更性感。渐渐地，她相信了母亲的话，真觉得自己并不比玛丽莲·梦露丑了，自信也随之而来。

长得丑点的确是一种缺陷，但如果只盯着自己的缺陷，就会越发觉得自己是多么丑陋，多么不幸，这时你的眼前就像横着一幅放大镜，小小的缺陷就会被无限放大成悲剧或灾难。可是，当你换个角度来看时会发现，这个缺陷并不致命，甚至完全可以忽略不计。从生理上来说，世上很难找到完美之人。人有生理缺陷当然遗憾，但它既已存在，我们就该泰然处之。人生的价值在于奉献和创造，在于完美人格的构建、灵魂的塑造和精神的升华。上天关上一扇门的同时，又会为你打开另一扇窗。我们不必为自己的平庸与丑陋感到自卑，只要善于发现，你完全可以从这些自认为丑陋的缺陷中找到有价值的一面。

人是个多面体，我们常说谁长得漂亮、谁长得丑，那只是我们从一个角度去看。当我们受到打击缺乏信心的时候，不妨换个角度审视一下自己，你也许会发现一个与众不同的自我。

成功由"错误"堆积

一位老农场主因为年迈，把他的农场交给一位外号叫"老错"的手下管理。

农场里有位堆草垛高手心里很不服气，因为他从来都没有把"老错"放在眼里过。他想，全农场哪个能够像我那样，一举挑杆子，草垛便像中了魔似的不偏不倚地落到了预想的位置上？回想"老错"刚进农场那会儿，连杆子都拿不稳，掉得满地都是草垛，有时甚至还砸在自己的头上，非常搞笑。等他学会了堆草垛，又去学割草，留下歪歪斜斜高高低低一片狼藉；别人睡觉了，他半夜里去了马房，观察一匹病马，说是要学学怎样给马治病。为了这些古怪的念头，"老错"出尽了洋相，不然怎么叫他"老错"呢？

老农场主知道堆草高手的心思，邀请他到家里喝茶聊天："你可爱的宝宝还好吗？平时都由他们的妈妈照顾吧？"高手点点头，看得出来他很喜欢他的孩子。老农场主又说："如果孩子的妈妈有事离开，孩子又哭又闹怎么办呢？""当然得由我来管他们啦。孩子刚出生那阵子真是手忙脚乱，不过现在好多了。"高手说。

老人叹了一口气，说："当父母可不易哦。随着孩子渐渐长大，你需要考虑的事情还很多很多，不管你愿意不愿意，因为你是父亲。对我来说，这个农场也就是我的孩子，早年我也是什么都不懂，但我可以学。也经过了很多次的失败，就像'老错'那样，经常遭到别人的嘲笑。"

话说到这个节骨眼上，这位堆草高手似乎领会了老人的用意，脸上露出愧色。

"优胜劣汰"成为一种必然。人们开始认同另一种说法：成功，就是无数个"错误"的堆积。无论做任何事情，都难免犯错，错误并不可怕，正是这些错误给了我们许多有益的经验，成功就是由错误堆积起来的。当我们的错误达到一定程度，我们就不会再犯错误。所以面对错误，最重要的是敢于舍弃，改正错误，总有一天你会在错误上取得成功。

能吃苦也是一种资本

能吃苦也是一种资本，能够吃苦，你会变得更为强大。

只是在影片里见过那被击倒的拳击手，他躺在地上喘着粗气，浑身伤痕累累，嘴角还淌着血，却没有一个人给他送花，为他鼓掌；只是在旅途中看过那拉船的纤夫，喊着震天动地的号子，弯着腰将沉重的纤绳勒进隆起的胸肌……

大多数人都是旁观者。

没有经历饥饿的历史，你便不知道一粒米的可贵，不知道那些被太阳晒黑了皮肤的耕种者的可敬，当然更无从感受饿得头昏眼花或者伸手乞讨的可悲和可怕……

没有受过寒流的抽打，你的血液里、你的胃肠里就不能孕育生长出抗争的细胞，你必然十分脆弱，容易发抖、容易胆寒，周身缺少足够的热流和火焰，靠什么温暖被冻僵的脸庞和手指？

没有尝过寄人篱下的滋味，听不到风凉话，看不到冷脸，过多的奉承让你形成不健全的性格。

突然某一天，你背靠的大树倒了，你开始失宠，在坑坑洼洼的路上，你肯定不如别人那样行走自如。

拿破仑在谈到他的一员大将马塞纳时说，在平时他的真面目是展现不出来的，但是当他在战场上看到遍地的伤兵和尸体时，他内在的"狮性"就会突然发作起来，他打起仗来就像恶魔一般勇敢。

人类有几种本性除非遭受巨大的打击和刺激，是永远不会显露出来，永远不会爆发的。

这种神秘的力量深藏在人体的最深层，非一般的刺激所能激发，但是每当人们受了讥讽、凌辱、欺侮以后，就会激发一种新的力量来，做从前所不能做的事。

艰难的情形、失望的境地和贫穷的状况，在历史上曾经造就了很多伟人。要是拿破仑在年轻时没有遇到什么窘迫、绝望，那么他绝不会那么多谋、那么镇定、那么刚勇。巨大的危机和事变，往往是造就出许多伟人的契机。

苦，可以折磨人，也可锻炼人。蜜，可以养人，也可害人。

因此，能吃苦也是一种资本。

把嘲笑当动力

罗斯福总统在发迹以前曾饱受朋友嘲弄的"恩惠"。那些朋友们对于他丑陋的长相和虚弱的体格常常嘲笑，因此激起了他的斗志，决定到西部去把身体练好。当他被人戏弄时丝毫不为保住面子而竭力辩解，反之，他对他们的指责，都坦然接受。

有一天，他在北德兰德斯，与许多同伴砍伐树木，以便在那里建筑一栋屋子。当傍晚下工时，工头问他们每人砍了几株，有一个喜欢开玩笑的工人说："皮尔砍了35株，我砍下49株，罗斯福则只有17株，但他更辛苦，因为他是用牙齿咬下来的。"罗斯福在旁听了，想想自己所砍下的树，切口上的斧迹确实是高低不齐，好像咬下来的一般，不禁连自己也好笑起来。他老实承认自己的成绩，比起别人的，确实是相差很远。

后来，罗斯福成了北德兰德斯牧场的主人，常常出外打猎，他为了知道射猎山羊的诀窍，打听到某处有一位著名的猎师，名叫威尔斯，便写信去请他来做老师。那封信的末尾说："你想，如果我想去猎一只白山羊，能够如愿以偿吗？"那位猎师是一个粗人，不懂礼貌，就在罗斯福那张信纸的背面，写了一封回信说："假使你的猎术没有你的写信技术高明，那你即使看见山羊从你面前奔过，你也休想碰掉它的一根毫毛。"

对于如此充满嘲弄和挑衅的话，如果罗斯福是一个好高自大、不能忍受丝毫侮辱的人，他接到这封回信一定会勃然大怒，绝对不会再向得罪他的猎师请教了。但他当然不会这样做，他发了一封电报去，请那位猎师立刻动身前来。

罗斯福深知那位粗鲁但爱讲老实话的猎师，比一些只知谄媚奉承、对于自己的话言出必从的人好得多。

心性懦弱的人，会被嘲笑的力量压弯原本挺直的脊梁；而心性刚强的人，则会把别人的嘲笑视作一种自我完善的力量。

一个人受了嘲笑，不要窘态毕露，无地自容，更不必过于计较。嘲笑其实是别人把一些你不自知的缺点给你揭露出来。我们的脸皮不可太薄，一受嘲笑便神经过敏，不能镇定，这是缺点；但如果脸皮太厚，无动于衷，不接受别人的指责，不改进自己的缺点，也是不对的。

劣势也能变优势

有一个小男孩非常喜欢柔道，然而却因意外事故失去左臂，他身残志坚，决定继续学下去。

最终，小男孩拜一位日本柔道大师做了师傅，开始学习柔道。他学得不错，可是练了3个月，师傅只教了他一招，小男孩有点弄不懂了。

他终于忍不住问师傅："我是不是应该再学学其他招数？"

师傅回答说："不错，你的确只会一招，但你只需学会这一招就够了。"

小男孩并不是很明白，但他很相信师傅，于是就继续照着练了下去。

几个月后，师傅第一次带小男孩去参加比赛。小男孩自己都没有想到居然轻轻松松地赢了前两轮。第三轮稍稍有点艰难，但对手还是很快就变得有些急躁，连连进攻，小男孩敏捷地施展出自己的那一招，又赢了。就这样，小男孩迷迷糊糊地进入了决赛。

决赛的对手比小男孩高大强壮许多，也似乎更有经验。一度小男孩显得有点招架不住，裁判担心小男孩会受伤，就叫了暂停，还打算就此终止比赛，然而师傅不答应，坚持说："继续比赛！"

比赛重新开始后，对手放松了戒备，小男孩立刻使出他的那招，制伏了对手，赢了比赛，得了冠军。

回家的路上，小男孩和师傅一起回顾每场比赛的每一个细节，小男孩鼓起勇气说出了心里的疑问："师傅，我怎能就凭一招而赢得了冠军呢？"

师傅答道："有两个原因：第一，你几乎完全掌握了柔道中最难的一招；第二，就我所知，要对付这一招，唯一的办法是对手抓住你的左臂。"

有的时候，人的某方面缺陷未必就永远是劣势，只要善加利用，劣势就会转化成优势。

金无足赤，人无完人。每个人都会有自己的劣势和缺陷，有些人面对自己的缺陷，总是想办法遮掩，害怕别人的嘲笑，这样做往往适得其反。正确的态度是，坦然面对自己的缺陷，不刻意掩饰，敢于挑战自我，并根据自己的具体情况确立自己的目标，从而将劣势转化成优势。

压力向下，动力向上

"压力就是动力。"这句话早已被当作真理灌输进我们的思维当中。当我们态度消极的时候，当我们对工作和生活感到厌烦的时候，我们要说："给我点儿压力吧！这样我才会有前进的动力。"

事实上"压力就是动力"并非是一条真理。适当的压力的确可以产生动力，从而使自己的潜能得以发挥；而一旦压力超出了人体所能承受的范围，它不但不会产生动力，还会给人的身心带来巨大的损害。

任何人都会遇到压力。要想工作得顺心顺手，就必须接受这些压力，把它当成现实工作中的一部分，尽力去排解它。与其逃避压力，不如正面回应它。面对压力，你有两种选择，一是举白旗投降，承认你一点办法都没有；二是找出一条完全不同的新路径，试着用一种新的态度来处理压力，寻找到一个平衡点，把压力维持在一个有利的范围之内，这样你才能向成功迈进。

动力是推动自己勇往直前的力量。要想在工作中取得成功，单纯地排解压力是远远不够的，你需要挖掘动力的源泉，让动力不断地推动你前进。

缓解压力的方法各不相同，但构成动力的元素却都一样，不外乎自信、乐观、不屈不挠、热忱，以及坚忍的耐力。自信使你相信自己具有达到目标的能力，乐观让你相信凡事都有正面解决之道，不屈不挠才能一直向着目标努力，有了热忱和耐力才能享受过程中的快乐，不至于灰心丧气，一蹶不振。这几个要素是相互促进、相辅相成的，只有共同运作，你才能获得到达目标的动力。

人的机体之所以能保持健康活泼，是因为人体的血液时刻在更新。同样，人之所以能在工作中始终保持积极状态，是因为有源源不断的动力。所以，每个人都应该时刻吸收新思想，把自己的动力激发出来，唯有这样，你的事业才能一天天地发展壮大。

那些满足现状，失去工作动力，对存在的问题视而不见的人，如果不转换自己的想法，是绝对发现不了自身的不足的，只会走入失败的迷途。

美国的一位传媒大亨在一次公司会议上宣布要收购旧金山三家报纸。大家讨论时，老板故意问助理对现在的职位和薪水是否满足，那名助理回答说非常满足。老板十分失望地说："我可不愿意让我的任何一个下属满足现有的地位和收入，丢掉了工作动力，而中止他的发展前途啊！"

没有动力的人，太容易满足，这样的人一生只会机械地工作，争取仅仅用来生存的薪金。只有力争上游的人，才会努力挖掘自己的动力，努力进取，从一个胜利走向另一个胜利，从一次辉煌走向另一次辉煌。不能把所有的压力都看成动力，只有把向下的压力反转过来才能把它变成向上的动力。学会缓解压力，寻找推动自身发展的动力，这样你将会成为生活的主人。

经验比理论更重要

有一个渔夫，打了一辈子的鱼，有着一流的捕鱼技能和丰富的捕鱼经验，因而得到很多渔民的尊崇，被称为"渔神"。

然而，在"渔神"年老的时候，他却感到非常苦恼，因为他有三个儿子，都很平庸，连最起码的捕鱼技术都不能熟练地掌握，这不仅让他感到没有颜面，更让他为自己儿子将来的生活来源感到担忧。

因此他经常向周围的人诉说心中的苦恼："我捕鱼的技术这么好，我的儿子为什么就这么差？我真不明白。我从他们刚懂事起就开始传授捕鱼技术给他们，从最基本的东西教起，告诉他们怎样织网最容易捕到鱼，怎样划船不会惊动鱼，怎样下网最容易请鱼入瓮——我多年来辛辛苦苦总结出来的经验，我都毫无保留地传授给他们，可是他们的捕鱼能力竟然赶不上普通渔民的儿子！"

一位路人听了他的诉说后，问道："你一直手把手地教他们吗？"

"是的，为了让他们得到一流的捕鱼技术，我教得很仔细。"

"他们一直跟着你吗？"

"是的，为了让他们少走弯路，我一直让他们跟着我学。"

路人说："这样说来，那就不是你儿子的问题，而是你的问题了。因为你只传授给他们技术，却没有传授给他们教训——对于才能来说，没有教训与没有经验一样，都是不能使人成大器的。"

"渔王"只是把自己捕鱼的技能传授给儿子，但并没有让孩子去接受实践和锻炼，结果他的儿子由于缺少经验和教训，仍然难以掌握其中的技术。为什么会出现这种状况呢？因为在实践中，人们对于经验教训的理解要比干巴巴的理论深刻得多。在这个世界上，只有失败才能教会你如何从困境中爬出来，从而不再重蹈覆辙。所以，人不能做温室里的小苗，那样将无法长大。

生活中有很多家长像"渔王"一样，他们出于对孩子的爱，很少让孩子亲自去体验生活。殊不知对孩子而言，爱得太多有时候也会造成伤害，自己的生活总需要自己来做，如果总是躺在父母的臂弯下，又怎么能在风雨来临的时候勇敢面对呢？

只有勇于实践，不断地在失败中总结经验教训，才能为下一次的成功奠定坚实的基础。别人的经验，无论怎样，对我们自己而言都是非常枯燥、毫无生命可言的。只有自己在生活中总结出的经验教训，对我们而言才是最为宝贵的，因为只有它们能够指导我们走在正确的人生坦途上。

人人都是老师

我国上古时代，黄帝带领了六位随从到贝茨山见大傀，在半途上却突然迷路了。后来，黄帝在前行的道路上恰好遇到一位放牛的牧童，他们便上前询问。

黄帝微笑着问道："小孩，贝茨山要往哪个方向走，你知道吗？"

牧童很天真地看着他，指了指要去的方向，很神气地说："当然知道啊，在那边！就在那边！"

黄帝又问他："你知道大傀住哪里吗？"

小孩撅着嘴说："当然知道啊！"

黄帝吃了一惊，还真小瞧了这小孩，于是又很随意地问道："你知道如何治国平天下吗？"

那牧童甩了甩鞭子，说："知道，这还不简单吗？就像我放牧的方法一样，只要把牛的劣性全部除去，它就会变得很温顺，那一切就平定了呀！治天下不也是一样吗？"

黄帝听后，非常佩服，真是后生可畏，原以为这小孩什么都不懂，却没想到他居然从日常生活中悟出了治国平天下的道理。

黄帝整天苦思冥想而不得其解的问题，没想到却被一个放牧的小孩用生活中极其简单的道理给点破了。有的时候，我们自己觉得很严重的事情，其实并不复杂，只是我们自己因为过于沉湎其中，因而看不到事情的本质，如果我们能够调整一下思路，让自己走出所处的环境，那我们走向成功也就指日可待了。

有许多人喜欢以"老前辈"的口吻来教育人，自己在某方面积累了一点经验，就开始倚老卖老，开口闭口"以我的经验"来否定新人的创见，认为后辈太肤浅，阅历不多，绝对要从思想上服从他们。其实，对于生活中经验比我们丰富的"老前辈"，他们的经验固然值得我们学习，但新一代的新见解、新思路，也值得我们研究和重视。

学习是无止境的，同时我们获得知识的范围也是没有任何界限的。任何人，不分贵贱，不分年龄的大小，他们都可以成为我们某方面的老师。人不是全能的，当你在某一个方面欠缺的时候，往往有人在这个方面是强大的，这个人往往就是你平时忽略的人。

为别人喝彩

在动物王国的体育大赛上，羚羊获得了长跑冠军，猴子获得了攀登冠军，袋鼠获得了跳远冠军。在猩猩与野猪的赛跑比赛中，猩猩跑到中间便败下阵来，但却毫无怨言地为跑到终点的野猪鼓掌致意。比赛结束，猩猩获得了最佳荣誉奖。

狮子说："当大家都在为自己家族的运动员取得好成绩欢呼雀跃时，唯有猩猩不忘为别人喝彩。""为别人喝彩"值得我们推崇。

为别人喝彩，是大度人格的表现。

生活中，很多人只知为自己的进步与成功窃喜和欢呼，对别人的成就则常常冷漠得面无表情，无动于衷，很少真心实意地为别人喝彩。

其实，为别人喝彩是一种智慧，因为你在欣赏别人的时候，也在不断地提升和完善自我；为别人喝彩是一种美德，付出了赞美，这非但不会损害你的自尊，相反还将收获友谊与合作；为别人喝彩是一种人格修养，赞赏别人的过程，其实也是矫正自己的狭隘自私和妒忌心理，从而培养大家风范的过程。

为自己喝彩容易，为别人喝彩困难，人生道路上，你应该学会为别人喝彩。

以退为进

我们在谈到成功之道时，更多地强调要有一种勇往直前的精神，一种积极进取的精神。但是，有时候，一味地硬冲硬打未必是一种最好的方法，以退为进也是一种人生策略。

的确，狭路相逢勇者胜，人必须要有勇气，面对艰难险阻，人应当有一种勇往直前的大无畏精神。疾风知劲草，人须有傲骨，面对险恶的局势，人应当有一种"宁为玉碎，不为瓦全"的精神。这种不达目的誓不罢休的精神我们应当提倡，也是我们一直所倡导的一种精神。但是，客观世界是复杂多变的，就某个具体的事情来说，也有其"时"、"势"的问题，在某些特定的时间、环境下，采取以退为进的方法，是一种积极的人生策略，而并非是消极退让。

美国前总统克林顿跟白宫女实习生莱温斯基的那场"拉链门"风波仍在我们的记忆之中。我们可以想一想，当克林顿与莱温斯基的私情东窗事发，克林顿拒不承认，采取死撑着的态度，这是一种选择。当着全世界人的面，堂堂的美国总统承认自己的丑事，这是多让人难为情的事情啊！但克林顿聪明之处就在于他采取了一种以退为进的策略，承认了自己的错误。这么做，其实是将包袱扔给了所有的美国人：我已经承认了我自己的错误，你们有权力让我下台，你们也有权力让我继续留在总统的位子上，对一个已经承认错误的人，你们就看着办吧！

清朝康熙皇帝继位时年龄很小，功臣鳌拜掌握了朝中大权，还蓄谋想夺取皇位。康熙帝十分清楚鳌拜的野心，但他觉得自己根基未稳，准备还不充分，于是索性不问政事，整天与一帮哥们儿游戏，以造成一种自己昏庸无知的假象。一次，康熙帝着便服同索额图一起去拜访鳌拜，鳌拜见皇帝突然来访，以为事情败露，伸手到炕上的被褥中摸出一把尖刀，被索额图一把抓住。直到这时，康熙帝仍装糊涂说："这没什么，想我满人自古以来就有刀不离身的习惯，有何奇怪！"康熙帝此举让鳌拜对他彻底放松戒备，最后康熙帝等时机成熟时一举将其擒获，可以说放出长线钓上了大鱼。

政治斗争如此，商界如此，甚至在我们平时的工作、做人的各方面都是如此，以退为进，你会做得更好。

真爱其实很简单

一个失去四肢的女孩，身残志坚，凭着她坚强的毅力、坚韧的生命力和强烈的自信心，坚强地活了下来，她不但不需要别人的照料，而且一直是靠自己的辛勤劳动养活自己，因此她被当作先进典型，在电视上广为宣传。电视上的她看上去美丽、自信，和一个正常人没有两样，甚至比许多正常人看上去更快乐、更精神。她是一个真正美丽的女人。而一位健康、帅气的小伙子正是被她顽强的生命力、被她对生活无比热爱的精神所感动，也因对她的艰难困苦的同情，而不顾家人的顽固阻挠和世人的闲言碎语，娶了她。他们过起了幸福、甜蜜、相濡以沫的美满生活。

不久，勤劳而贤惠的妻子冒着生命危险，坚决要为亲爱的丈夫生下一个孩子，以满足丈夫的心愿。丈夫因为妻子的生命安全而劝阻她，然而妻子甘愿冒这个险。于是，在经历了痛苦的煎熬之后，妻子生下了一个男孩，一个健康、可爱的男孩！不久，他们又拥有了自己的第二个孩子，一个活泼可爱、健康漂亮的女儿，看着电视上流露甜蜜笑容的夫妻俩，相信所有的人都会无比欣慰和感动。

他们是不幸的，他们承受了比常人更多的艰辛和困苦，然而他们又是幸福的，他们体会着许多常人不曾体会过的喜悦和甜蜜。他们是满足的，所以他们是幸福的；他们是相依为命的，所以他们的爱情是无比坚韧的，不可击破的；他们的爱情来之不易，所以他们比常人更加珍惜。

他们坚守着他们的爱情，尽管他们平凡；他们充满信心而无比虔诚地过着他们的日子，尽管他们贫穷；他们的爱情无比动人，令人羡慕，因为他们真诚而炽热地爱着对方，尽管他们的爱情没有惊天动地，没有令人羡慕的玫瑰，没有浪漫的烛光晚餐；妻子没有动人心魄的容貌，丈夫不是文质彬彬的绅士，然而，他们爱得真诚。他们的爱很简单，但他们的爱却很长久。有一天，皱纹爬上他们的面颊，他们看上去苍老、皮肤粗糙，然而他们的爱还存在着。他们的爱，就是值得所有人去追求和羡慕的爱！

从他们身上，我们得知，真爱其实很简单。不需要美貌，只要有健全的心态；不需要地位，只要有做人的尊严；不需要万贯家财，只要可以维持生计；不需要荣耀，只需要互相的支持和亲情的温暖，真爱就可以到来！

朋友，你有真爱吗？如果你现在已经拥有，请你好好珍惜；如果你觉得你曾经很爱很爱的人现在已经不美丽了，那么，你现在改变看法还来得及。只要你懂得珍惜，真爱其实很简单！

第十一章

拿得起，放得下

生活不会永远一帆风顺，正因为如此，我们的生活才有滋有味，绚丽多彩。在跌宕起伏中保持一颗平常心很重要，不以物喜，不以己悲，宠辱不惊，去留无意，在平淡中给自己一分力量，在喧闹中给自己一份宁静。

拿得起，还要放得下

刘备本是一位谦虚、谨慎的人，但关羽、张飞的死使他十分悲痛，不再持有往日的作风。为给关、张报仇，刘备兴两川之兵浩荡杀向东吴。投东吴的关羽旧部糜芳、傅士仁，将刘备所恨者马忠杀了，献首级给刘备，刘备并未原谅糜、傅，而是将二人剐了，一同祭关公。东吴诸将献计孙权，将杀张飞投东吴的范疆、张达送还刘备，可以息战宁人，谁料刘备剐了范、张，仍怒气不消，定要灭吴。

孙权在这种情况下，从阚泽言，起用陆逊为主将，统率步水马三军抗刘。消息传来，刘备问陆逊何许人也。马良说是东吴一书生，年幼多才，多有谋略，袭荆州便是他用的计。刘备大怒，非要擒杀陆逊为关羽、张飞报仇。马良谏道，陆逊有周瑜之才，不能轻敌。刘备却说："朕用兵老矣，岂反不如一黄口孺子耶！"

"朕用兵老矣。"战争不以老嫩定优劣。用兵之道，看谁能把握战机，深谙谋略，不是谁的年龄大就算谁的计谋多。刘备在此以资夸口，以为自己经历的战争多，计谋就老到，这很可笑，不符合实际。所以，这次战役还未开始，就注定了刘备的失败。

"岂反不如一黄口孺子！"陆逊被他嘲为"黄口孺子"，可见刘备确实看不起年纪轻轻就统领军马的东吴新任大都督陆逊。刘备是糊涂了，不晓得当年自己桃园结义，投军拉队伍时，与关张也曾是年轻人。

其实，战争中涌现的著名将领，多是年轻时崛起的。法国拿破仑一鸣惊人时，是年纪轻轻的军官；苏联伏龙芝打国内战争时是年纪轻轻的军官……刘备轻敌，瞧不起对方主将年轻，是未战先败了一阵。

两句话联起来，还归结在他的身上——放不下架子。

这教训告诉我们，在考虑关键问题时，切忌把自己的身份摆进去。如若时时想到自己的职务和自己曾经取得的辉煌成就，看问题就会少了客观性，多了盲目性，这样考虑问题就不周全，处理问题也会产生误差，最终抱恨终生。

"放下"是一种觉悟，更是一种自由。如果不懂得"放下"的艺术，我们就会成为背负重担蹒跚行走于人生道路的"苦行者"。

接受不可避免的现实

生活中，我们会遇到许多不公平的经历，而且许多都是我们所无法逃避的，也是无所选择的，我们只能接受已经存在的事实并进行自我调整。抗拒不但可能毁了自己的生活，而且也会使自己精神崩溃。因此，人在无法改变不公和不幸的厄运时，要学会接受它、适应它。

荷兰阿姆斯特丹有一座15世纪的教堂遗迹，里面有这样一句让人过目不忘的题词："事必如此，别无选择。"

命运中总是充满了不可捉摸的变数，如果它给我们带来了快乐，当然是很好的，我们也很容易接受。但事情却往往并非如此，有时，它带给我们的会是可怕的灾难，这时如果我们不能学会接受它，就会让灾难主宰了我们的心灵，生活也会永远地失去阳光。

小时候，琼斯和几个朋友在密苏里州的老木屋顶上玩，琼斯爬下屋顶时，在窗沿上歇了一会，然后跳下来，他的左食指戴着一枚戒指，往下跳时，戒指钩在钉子上，扯断了他的手指。

琼斯疼得尖声大叫，且非常惊恐，他想他可能会死掉。但等到手指的伤好后，琼斯就再也没有为它操过一点儿心。他已经接受了不可改变的事实。

英格兰的妇女运动名人格丽·富勒曾将一句话奉为真理，这句话是："我接受整个宇宙。"是的，我们都应该学会接受不可避免的事实。即使我们不接受命运的安排，也不能改变事实分毫，我们唯一能改变的，只有自己的心态。

成功学大师卡耐基也说："有一次我拒不接受我遇到的一种不可改变的情况。我像个蠢蛋，不断作无谓的反抗，结果给自己带来无眠的夜晚，我把自己整得很惨。终于，经过一年的自我折磨，我不得不接受我无法改变的事实。"

面对现实，并不等于束手接受所有的不幸。只要有一些可以挽救的机会，我们就应该奋斗！但是，当我们发现情势已不能挽回时，我们最好就不要再思前想后，拒绝面对，要接受不可避免的事实，唯有如此，才能在人生的道路上掌握好平衡。

笑看输赢得失

一个人最重要的是要有富足之心，能够笑看输赢得失，这样才会拥有足够的信心实现他的梦想。

1. 赞美孤独

富足之心是宁静的。个性并不排斥孤独，反而会赞美它。孤独是个性最美好的一部分，他们之间并不存在能不能忍受的问题。

笑看输赢的人总是能够给自己留出时间，享受独处的欢乐，整理往事、展望前程，想象出类拔萃的美好生活。内心贫乏的人，生性急躁，喜欢喧嚣和热闹，一刻也离不开从他人眼中找寻自己赖以生存的保障，独处使他们倍感寂寞。因为他们不懂得赞美孤独，不会享受孤独，他们自然经常处于痛苦和焦虑之中。

笑看输赢的人，独自承受个性滋润、修身养性。他们享受宁静和孤寂，在反省中发现自身的不足。他们往往把自己准备得很充分后，才投入步调紧凑的生活中去。

2．帮助他人而不求回报

笑看输赢的人愿意主动帮助他人，不求名不求利不求回报。他知道内心里献出东西，依旧会从内心里产生出来。他就像一家能源工厂，生产效率很高，永远能为别人和自己提供满足。

3．不自怨自艾

笑看输赢者对损失看得很淡。他相信相对于整体而言，损失的不过是小小的局部。他们不会难以释怀，不会老是对自己怨艾和指责，他们勇于承认错误，并及时采取行动来挽回损失。

4．放弃"多多益善"的想法

只要你拥有"多多益善"的想法，认为物质生活"越多越好"，你就永远不会满足。

每当我们得到了某一东西，或达到了某一目标，我们大部分人就会立即再投入到下一件事。这压制了我们对生活的欣赏。

学会满足并不是说你不能、不会或不该想得到比你的财产更多的东西，只是说你的幸福不要依赖于它。你可通过更着眼于现在，而不是太注重你想得到的东西来学会安享现有的一切。

你可以建立起一种新的思维，欣赏你已享有的幸福，以新的眼光看待你的生活，就像是第一次看到它。当你建起这一新的意识，你将发现，当新的财产或成就进入你的生活，你的欣赏程度将被提高，而生活将会变得更加快乐。

羡慕不如珍惜

每个人都有自己存在的价值，你也许羡慕别人的生活比你快乐，你也许认为他的日子过得比你好，然而，你看过他们生活中的另一面吗？

在河的两岸，分别住着一个和尚与一个农夫。

和尚每天看着农夫日出而作，日落而息，生活看起来非常充实，令他相当羡慕。而农夫也在对岸，看见和尚每天都是无忧无虑地诵经、敲钟，生活十分轻松，令他非常向往。因此，在他们的心中产生了一个共同念头："真想到对岸去！换个新生活！"

有一天，他们碰巧见面了，两人商谈一番，并达成交换身份的协议，农夫变成和尚，而和尚则变成农夫。

当农夫来到和尚的生活环境后，这才发现，和尚的日子一点也不好过，那种敲钟、诵经的工作，看起来很悠闲，事实上却非常烦琐，每个步骤都不能遗漏。更重要的是，僧侣刻板单调的生活非常枯燥乏味，虽然悠闲，却让他觉得无所适从。

于是，成为和尚的农夫，每天敲钟、诵经之余都坐在岸边，羡慕地看着在彼岸快乐工作的其他农夫。

至于做了农夫的和尚，重返尘世后，痛苦比农夫还要多，面对俗世的烦忧、辛劳与困惑，他非常怀念当和尚的日子。

因而他也和农夫一样，每天坐在岸边，羡慕地看着对岸步履缓慢的其他和尚，并静静地聆听彼岸传来的诵经声。

这时，在他们的心中，同时响起了另一个声音："回去吧！那里才是真正适合我们的生活！"

不必羡慕别人的笑容，那也许只是苦中作乐或是强颜欢笑。我们总是习惯于羡慕别人，但很少有人想到羡慕自己。只有懂得羡慕自己的人，才是真正值得羡慕的人。

一个人来到这个世界上总有许多值得别人羡慕的地方，即使处在人生的低潮亦然如此。比如：我们现在的学习非常累，但我们为了理想而奋斗，生活很充实；一个人事业受挫了，但他还有成功的机会；一个人下岗了，但他还有健康的体魄，一切可以从头开始。和那些更不幸的人相比，这一切太值得羡慕了，也太应该珍惜了。

不必羡慕别人的美丽花园，因为你也有自己的沃土，也许你的花不如别人的漂亮、名贵，但是你的花可能给人类提供更多观赏以外的价值，这便是别人的花没有的优势。

其实，人生不需要太圆满，有个缺口让福气流向别人也是件很美的事。懂得每个人的生命都有欠缺，就不会与他人做无谓的比较，而是会更珍惜自己所拥有的一切。

好好数数上苍给你的东西，你会发现自己所拥有的其实很多，你的人生也会快乐很多。

错过有时是圆满

美国的哈佛大学要在中国招一名学生，这名学生的所有费用由美国政府全额提供。初试结束了，有 30 名学生成为候选人。

考试结束后的第 10 天是面试的日子。30 名学生及其家长云集锦江饭店等待面试。当主考官劳伦斯·金出现在饭店的大厅时，一下子被大家围了起来，他们用流利的英语向他问候，有的甚至还迫不及待地向他做自我介绍。

这时，只有一名学生，由于起身晚了一步，没来得及围上去，等他想接近主考官时，主考官的周围已经是堆满了人，水泄不通了，已没有可能插空而入。

他错过了接近主考官的大好机会，他觉得自己也许已经错过了机会，于是变得懊丧起来。正在这时，他看见一个异国女人有些落寞地站在大厅一角，目光茫然地望着窗外，他想：身在异国的她是不是遇到了什么麻烦，不知自己能不能帮上忙？

于是他走到这位异国女人面前，彬彬有礼地和她打招呼，然后向她做了自我介绍，最后他问道："夫人，您有什么需要我帮助的吗？"接下来两个人聊得非常投机。

后来这名学生被劳伦斯·金选中了，在30名候选人中，他的成绩并不是最好的，而且面试之前他错过了跟主考官套近乎、加深自己在主考官心目中印象的最佳机会，但是他却无心插柳柳成荫。

原来，那位异国女子正是劳伦斯·金的夫人，这件事在当时曾经引起很大的震动：

原来错过了美丽，收获的并不一定是遗憾，有时甚至可能是圆满。

人生要留一份从容给自己，这样就可以对不顺心的事处之泰然；对名利得失顺其自然。要知道世上所有的机遇并不都是为你而设的，人生总是有得有失，有成有败，生命之舟本来就是在得失之间浮沉！

美丽的机会人人期盼，然而却并非我们都能抓住，错过了的美丽不一定就只剩下遗憾。

且咽一口气

人生之所以多烦恼，皆因遇事不肯让他人一步，总觉得咽不下这口气。这是很愚蠢的做法。

"善于放弃"是一种境界，是历尽跌宕起伏之后对世俗的一种轻视，是饱经人间沧桑之后对财富的一种感悟，是运筹帷幄成竹在胸的自信的一种流露。只有在了如指掌之后才会懂得放弃并善于放弃，只有在懂得放弃并善于放弃之后才会敛集无尽的财富。

杨玢是宋朝的一个尚书，年纪大了便退休在家，安度晚年。他家住宅宽敞、舒适，家族人丁兴旺。有一天，他在书桌旁，正要拿起《庄子》来读，他的几个侄子跑进来，大声说："不好了，我们家的旧宅被邻居侵占了一大半，不能饶他！"

杨玢听后，问："不要急，慢慢说，他们家侵占了我们家的旧宅地？"

"是的。"侄子们回答。

杨玢又问："他们家的宅子大还是我们家的宅子大？"侄子们不知其意，说："当然是我们家宅子大。"

杨玢又问："他们占些我们家的旧宅地，于我们有何影响？"侄子们说："没有什么大影响，虽然如此，但他们不讲理，就不应该放过他们！"杨玢笑了。

过了一会儿，杨玢指着窗外落叶，问他们："树叶长在树上时，那枝条是属于它的，秋天树叶枯黄了落在地上，这时树叶怎么想？"他们不明白含义。杨玢干脆说："我这么大岁数，总有一天要死的，你们也有老的一天，也有要死的一天，争那一点点宅地对你们有什么用？"侄子们现在明白了杨玢讲的道理，说："我们原本要告他的，状子都写好了。"

侄子呈上状子，他看后，拿起笔在状子上写了四句话："四邻侵我我从伊，毕竟须思未有时。试上含光殿基望，秋风秋草正离离。"

写罢，他再次对侄子们说："我的意思是在私利上要看透一些，遇事都要退一步，不要斤斤计较。"

人的一生，不可能事事如意、样样顺心，生活的路上总有坑坑洼洼。你的奋斗和付出，也许没有预期的回报；你的理想和目标，也许永远难以实现。但长期抱着一份怀才不遇之心愤愤不平，抱着一腔委屈怨天尤人，只会让自己心态扭曲、心力交瘁。

生活在凡尘俗世，难免与人磕磕碰碰，难免遭别人误会猜疑。你的一念之差和一时之言，也许别人会加以放大和责难，你的认真和真诚，也许会被别人误解和中伤。但如果非要以牙还牙拼个你死我活，如果非要为自己辩驳澄清，只可能导致两败俱伤。

适时地咽下一口气，潇洒地甩甩头发，悠然地轻轻一笑，甩去烦恼，笑却恩怨。你会发现，天仍然很蓝，生活依然很美好。

此路不通绕个圈

任何事物的发展都不是一条直线，聪明人能看到直中之曲和曲中之直，并不失时机地把握事物迂回发展的规律，通过迂回应变，达到既定的目标。

顺治元年（公元 1644 年），清王朝迁都北京以后，摄政王多尔衮便着手进行武力统一全国的战略部署。当时的军事形势是：农民军李自成部和张献忠部共有兵力 40 余万；刚建立起来的南明弘光政权，汇集江淮以南各镇兵力，也不下 50 万人，并雄踞长江天险；而清军不过 20 万人。如果在辽阔的中原腹地同诸多对手作战，清军兵力明显不足。况且迁都之初，人心不稳，弄不好会造成顾此失彼的局面。

多尔衮审时度势，机智灵活地采取了以迂为直的策略，先怀柔南明政权，然后集中力量攻击农民军。南明当局果然放松了对清的警惕，不但不再抵抗清兵，反而派使臣携带大量金银财物，到北京与清廷谈判，向清求和。这样一来，多尔衮在政治上、军事上都取得了主动地位。

顺治元年七月，多尔衮对农民军的进攻取得了很大进展，后方亦趋稳固。此时，多尔衮认为最后消灭明朝的时机已经到来，于是发起了对南明的进攻。当清军在南方的高压政策和暴行受阻时，多尔衮又施以迂为直之术，派明朝降将、汉人大学士洪承畴招抚江南。顺治五年，多尔衮以他的谋略和气魄，基本上完成了清朝在全国的统治。

绕圈的策略，十分讲究迂回的手段。特别是在与强劲的对手交锋时，迂回的手段高明、精到与否，往往是能否在较短的时间内由被动转为主动的关键。

美国当代著名企业家李·艾柯卡在担任克莱斯勒汽车公司总裁时，为了争取到 10 亿美元的国家贷款来解公司之困，他在正面进攻的同时，采用了迂回包抄的办法。一方面，他向政府提出了一个现实的问题，即如果克莱斯勒公司破产，将有 60 万左右的人失业，第一年政府就要为这些人支出 27 亿美元的失业保险金和社会福利开销，政府到底是愿意支出这 27 亿呢，还是愿意借出 10 亿极有可能收回的贷款？另一方面，对那些可能投反对票的国会议员们，艾柯卡吩咐手下为每个议员开列一份清单，单上列出该议员所在选区所有同克莱斯勒有经济往来的代销商、供应商的名字，并附有一份万一克莱斯勒公司倒闭，将在其选区产生的经济后果的分析报告，以此暗示议员们，若他们投反对票，因克莱斯勒公司倒闭而失业的选民将怨恨他们，由此也将危及他们的议员席位。这一招果然很灵，一些原先激烈反对向克莱斯勒公司贷款的议员闭了口。最后，国会通过了由政府支持克莱斯勒公司 15 亿美元的提案，比原来要求的多了 5 亿美元。

没有什么不能承受

他是一个天性多愁善感的王子，就是死了一只蚂蚁，他都会流泪。每当左右的人向他禀报天灾人祸的消息，他就流着泪叹息道："天啊，太可怕了！这事落到我头上，我可受不了。"

人有旦夕祸福，一年之后，灾难降临到他身上。在一场突如其来的战争中，他的父母被杀，他自己也被敌人掳去当了奴隶，受尽非人的折磨。他最终逃出虎口时，已经是只有一条腿了，他沦为一个可怜的乞丐。

当人们得知他的身世，都流下同情的眼泪，继而发出他曾经发过的同样的叹息："天啊，太可怕了！这事落到我头上，我可受不了。"

此时的他慢慢地说道："先生，请别说这话，凡是人间的灾难，无论落到谁头上，谁都得受着，而且都受得了——只要他不死。"

每一个人一生都会遭受一些非难折磨、挫折打击，乐观、坚强的人坦然接受，并在以后的人生历程中谨慎行事，从而避免了重蹈覆辙，最终取得丰硕的成果；悲观、懦弱的人在经受挫折苦难打击后一蹶不振，变得浑浑噩噩，以致潦倒一生。生命中没有什么不能承受，勇于承受非难，从失败中吸取教训下不为例，就一定能够东山再起，重建辉煌。

知足常乐，终身不辱

知足者常乐也，而其终身不辱也。人生中很多失败的例子是不知足所导致的。

我国台湾的一位大学校长在一次新生接待会上问了一个这样的问题："同学们，你们快乐吗？""快乐！"下面的同学立即欢呼起来。"好，好，我的话到此结束。"大家惊愕了半天，然后才恍然大悟，顿时掌声大作。这位颇有风趣的校长其实是很了解学生心理的。他认为人的根本目的是追求快乐，而如果大家都很快乐，自己就不必再扫别人的兴了，因此，这位校长的做法很高明。

快乐是一种什么样的心境呢？或者说快乐到底是什么样子呢？这个问题，也许很难说清楚。但有一点必须肯定，快乐是很主观的，一个人的快乐他人是看不见的，只有通过他的表现和行为举止才有所了解。一个人认为是快乐的事，而另一个人却未必认为快乐。总之，快乐是很奇怪的，因人而异，因事而异，这种东西很大程度上是一种心理上的满足。

追求快乐是人性之一。哪个人不愿自己生活得快乐点？有人说人生来都是痛苦的，哪有快乐可言？正因为人生多痛苦，所以追求快乐才是我们努力的一个方向！人生活的根本目的是什么呢？可以说归根到底是为了"快乐"二字。成功的事业、富足的家产、自我实现……都是为了最终的快乐。快乐是一剂润滑剂，有了它你的生活将会光滑许多，没有它你前进的道路上就显得阻力重重。人生短暂如匆匆过客，何不选择快乐呢？

快乐的反面是痛苦。痛苦何来？人生来就是要追求快乐的，生来便具有各种欲望。这些需要和欲望应该是得到满足的，而一旦得不到满足，当理想和现实之间出现差距时，人的需要便产生了匮乏，也产生了痛苦。痛苦无时不在，无处不有，它像恶魔一样折磨着我们，企图使我们拜倒在它的脚下。而人越是痛苦，才越觉得快乐的可贵，才会拼命地去追求快乐。当他得到了新的快乐，新的痛苦又产生了。痛苦是没有止境的，因为人的欲望是无止境的。那么，我们是不是就应该不去追求快乐了呢？不，快乐是能追求到的，尽管人的欲望无穷，只要我们能知足，便能常乐。

知足的人即满足于自我的人，知足者能认识到无止境的欲望和痛苦，于是就干脆压抑一些无法实现的欲望，这样虽然看起来比较残忍，但它却减少了更多的痛苦。在能实现的欲望之内，他拼命为之奋斗，一旦得到了自己的所求，快乐便油然而生，每上进一个台阶，快乐的程度也会上进一个台阶。只有经常知足，在自我能达到的范围之内去要求自己，而不是刻意去勉强自己、强迫自己，才能心平气和去享受独得之乐。

失意不忘形

得意忘形的事生活中常有。自然，在得意忘形者的身后，常有苦痛接踵而至。

得意忘形是要不得的，同样，失意也不能忘形！

道理很简单，在失意忘形者的身后，也会有苦痛接踵而至！

最典型的例子就是《水浒传》里的宋江。因为失意，因为功不成名不就，他曾独自一人来到江洲的酒楼，以酒浇愁，结果醉后兴起，居然题反诗于墙上，被官府捉了个正着。再试想，如果他坦然点，失意而不失形更不忘形，何来此难？

二战结束后不久，在一次英国首相大选中，丘吉尔落选了。他是个政治家，对于政治家，落选当然是件极狼狈的事，但他却极坦然。当时，他正在自家的游泳池里游泳，是秘书气喘吁吁地跑了来告诉他："不好！丘吉尔先生，您落选了！"不料丘吉尔听了却爽然一笑："好！好极了！这说明我们胜利了！我们追求的就是民主，民主胜利了，难道不值得庆贺？朋友，劳驾，把毛巾递给我，我该上来了！"真佩服丘吉尔，失意时不仅没有"失形"、"忘形"，而是从容理智，只一句话就成功地再现了一种豁达大度的大政治家的风范！

柳宗元立志变法，结果变法失败被贬，这当然是一种失意，但他却从容沉着，并不因此而灰溜溜惨兮兮。请听他失意后写的诗："千山鸟飞绝，万径人踪灭。孤舟蓑笠翁，独钓寒江雪。"其诗何等冷静从容，尽管雪压冬云，尽管满目萧瑟，但他却极安然地一心垂钓，虽孤独却不屈，虽不幸却坚强！

人生常有不幸，失意的事也的确会常常发生。

失意并不可怕，关键是，失意了别失态，别失形，尤其是——别忘形！

生命在，希望就在

有一个阿拉伯的富翁，在一次大生意中亏光了所有的钱，并且还欠下了债，他卖掉房子、汽车，还清了债务。

此刻，他已孤独一人，无儿无女，穷困潦倒，唯有一只心爱的猎狗和一本书与他相依为命，相依相随。在一个大雪纷飞的夜晚，他来到一座荒僻的村庄，找到一个避风的茅棚。他看到里面有一盏油灯，于是用身上仅存的一根火柴点燃了油灯，拿出书来准备读书。但是一阵风忽然把灯吹灭了，四周立刻漆黑一片。这位孤独的老人陷入了黑暗之中，对人生感到痛彻的绝望，他甚至想到了结束自己的生命。但是，立在身边的猎狗给了他一丝慰藉，他无奈地叹了一口气沉沉睡去。

第二天醒来，他忽然发现心爱的猎狗也被人杀死在门外。抚摸着这只相依为命的猎狗，他突然决定要结束自己的生命，世间再没有什么值得留恋的了。于是，他最后扫视了一眼周围的一切。这时，他发现整个村庄都沉寂在一片可怕的寂静之中。他不由疾步向前，啊，太可怕了，尸体，到处是尸体，一片狼藉。显然，这个村庄昨夜遭到了匪徒的洗劫，连一个活口也没留下来。

看到这可怕的场面，他不由心念急转，啊！我是这里唯一幸存的人，我一定要坚强地活下去。此时，一轮红日冉冉升起，照得四周一片光亮，他欣慰地想，我是这个世界上唯一的幸存者，我没有理由不珍惜自己。虽然我失去了心爱的猎狗，但是，我得到了生命，这才是人生最宝贵的。

老人怀着坚定的信念，迎着灿烂的太阳又出发。

人生总有得意和失意的时候，一时的得意并不代表永久的得意；在一时失意的情况下，如果你不能把心态调整过来，就很难再有得意之时。

故事中的老人，在失意甚至绝望的状态下，重新寻回了希望，赶走了悲伤。这不能不说是他人生中的又一大转折。

联想到我们日常的生活和学习，遇到失意或悲伤的事情时，我们一样要学会调整自己的心态。

如果你的演讲、你的考试和你的愿望没有获得成功；如果你曾经因为鲁莽而犯过错误；如果你曾经尴尬；如果你曾经失足；如果你被训斥和谩骂……那么请不要耿耿于怀。对这些事念念不忘，不但于事无补，还会占据你的快乐时光。抛弃它吧！把它们彻底赶出你的心灵。如果你的声誉遭到了毁坏，不要以为你永远得不到清白，怀着坚定的信念勇敢地走向前吧！

让担忧和焦虑、沉重和自私远离你；更要避免与愚蠢、虚假、错误、虚荣和肤浅为伍；还要勇敢地抵制使你失败的恶习和使你堕落的念头，你会惊奇地发现，你人生之旅是多么得轻松、自由！

走出阴影，沐浴在明媚的阳光中。不管过去的一切多么痛苦，多么顽固，把它们抛到九霄云外。不要让担忧、恐惧、焦虑和遗憾消耗你的精力。把你的精力投入到未来的创造中去吧！

主宰自己，做自己的主人。沮丧的面容、苦闷的表情、恐惧的思想和焦虑的态度是你缺乏自制力的表现，是你弱点的表现，是你不能控制环境的表现。它们是你的敌人，坚决拒绝它们！

请记住：生命在，希望就在！

坚忍活出精彩

上海曾有一位富家小姐，过着锦衣玉食的生活。不曾想，后来她竟沦落到一贫如洗的地步。但是她还要喝下午茶，吃蛋糕，昔日的电烤炉是不敢奢望了。

怎么办？她自己动手，用仅有的一只铝锅，在煤炉上蒸蒸烤烤，竟也烘烤出西式蛋糕。就这样，悠悠几十年，她雷打不动地喝着下午茶，吃着自制蛋糕，浑然忘记身处逆境，悄悄地享受着午后的幸福茶。

她的一位出身世家的好友和她一样能干。有一次，她去好友家，好友告诉她，没有吐司炉，也可以吃上吐司，说着说着，就表演了一门绝技：把面包切片，在蜂窝煤炉上架上条条铁丝，再把面包片放在上面，轻轻地两面烘烤，不一会儿，便做出一片片香喷喷的面包吐司。

她们懂得用铝锅蒸烤出西式蛋糕，用煤炉烘焙出香喷喷的吐司，这样的韧性和耐力，还有什么撑不住的苦难？果然，历尽沧桑之后，这位昔日的富家小姐生活依然过得有滋有味。

什么是坚韧？就是身处逆境中时所保持的那份平静、从容以及坦然的胸怀。

坚韧能活出生命的精彩，只要你愿意。人的精神不垮，就一定可以享受到平凡人生的幸福。幸福在于自己去创造！

笑看天下几多愁

人生欢喜多少事，笑看天下几多愁。

我们从小就在做游戏，游戏的本身，就是在不断战胜挫折与失败中获取一种刺激与欢乐，假如没有挫折与失败，再好的游戏也会索然无味。"一场游戏一场梦"，人生就如一场游戏，但我们作为其中的玩家，真的能像在现实中游戏一样拿得起放得下吗？人们玩游戏时的心态，是寻找娱乐，是带着挑战的心情去面对游戏中的困难与挫折的，你面对强大的对手，不断地受挫，但越是如此，你越发兴头十足。试想，倘若人们在生活中，也有这么一种积极向上的游戏心态，那么失败与挫折，也就不会显得那般沉重和压抑。既然如此，我们为何不能将挫折变成一种游戏呢？那样就可以让痛苦沮丧的心情轻松起来。二者其实并无差别，只是人们在游戏中身心放松，而在生活中过于紧张。生活中，你可以体味游戏中面对和战胜挫折的欢乐。同样，只有你将生活中的挫折视为游戏，才会从中体味积极人生的快乐……

看看下面描绘的童真无忌的画面，不知你想到了什么？

在一个春光明媚的日子，在阳光普照的公园里，许多小孩正在快乐地游戏，其中一个小女孩不知绊到了什么东西，突然摔倒了，并开始哭泣。这时，旁边有一位小男孩立即跑过来，别人都以为这个小男孩会伸手把摔倒的小女孩拉起来或安慰、鼓励她站起来。但出乎意料的是，这个小男孩竟在哭泣着的小女孩身边故意也摔了一跤，同时一边看着小女孩一边笑个不停。泪流满面的小女孩看到这幅情景，也觉得十分可笑，于是破涕为笑，俩人滚在一起乐得非常开心。

将生活中的挫折和困难视为"游戏"，不是游戏人生，而是为了以积极的心态面对现实，去战胜挫折和困难，笑看忧愁，笑看人生，如此而已！

善待失败，善待人生

美国《生活》周刊曾评出的过去1000年中100位最有影响力的人物中，托马斯·阿尔沃·爱迪生名列第一。

爱迪生出身低微，他的"学历"是一生只上过3个月的小学，老师因为总被他古怪的问题问得张口结舌，竟然当着他母亲的面说他是个傻瓜，将来不会有什么出息。母亲一气之下让他退学，由她亲自教育。这时，爱迪生的天资得以充分地展露。在母亲的指导下，他阅读了大量的书籍，并在家中自己建了一个小实验室。为筹措实验室的必要开支，他只得外出打工，当报童卖报纸。最后用积攒的钱在火车的行李车厢建了个小实验室，继续做化学实验研究。有一天，化学药品起火，几乎把这个车厢烧掉。暴怒的列车长把爱迪生的实验设备都扔下车去，还打了他几记耳光，爱迪生因此终生耳聋。

爱迪生虽未受过良好的学校教育，但凭个人奋斗和非凡才智获得巨大成功。他以坚忍不拔的毅力、罕有的热情和精力从千万次的失败中站了起来，克服了数不清的困难，成为发明家和企业家。仅从1869年到1901年，就取得了1328项发明专利。在他的一生中，平均每15天就有一项新发明，他因此而被誉为"发明大王"。

爱迪生献身科学、淡泊名利。在研制电灯时，记者对他说："如果你真能造出电灯来取代煤气灯，那你一定会赚大钱。"爱迪生回答说："一个人如果仅仅为积攒金钱而工作，他就很难得到一点别的东西——甚至连金钱也得不到！"他一直被称作现代电影之父，可是在电影界人士为他举行的77岁寿辰盛宴上，他说："对于电影的发展，我只是在技术上出了点力，其他的都是别人的功劳。"

爱迪生胸襟开阔、善处逆境。针对自己的耳聋不便，他说："走在百老汇的人群中，我可以像幽居森林深处的人那样平静。耳聋从来就是我的福气，它使我免去了许多干扰和精神痛苦。"

1914年12月的一个夜晚，一场大火烧毁了爱迪生的研制工厂，他因此而损失了价值近百万美元的财产。爱迪生安慰伤心至极的妻子说："不要紧，别看我已67岁了，可我并不老。从明天早晨起，一切都将重新开始，我相信没有一个人会老得不能重新开始工作的。灾祸也能给人带来价值，我们所有的错误都被烧掉了，现在我们又可以一切重新开始。"第二天，爱迪生不但开始动工建造新车间，而且又开始发明一种新的灯——一种帮助消防队员在黑暗中前进的便携式探照灯。火灾对爱迪生而言只是一段小小的插曲而已。

大风大浪才能显示人的能力；大起大落才能磨炼人的意志；大悲大喜才能提高人的境界；大羞大耻才能洗涤人的灵魂。人活在世界上，不可能一帆风顺，每个成功的故事里都写满了辛酸失败。敢于正视失败，能以正确的态度面对失败，不退缩，不消沉，不困惑，不脆弱，才能有成功的希望。

善待失败，善待人生！

第十二章

心宽才能天下阔

人如果没有宽广的胸怀，就无法成就辉煌的事业。宽容不是胆怯，不是妥协，它和放弃一样，是另一种明智和勇敢。拥有宽广的胸怀，对他人宽容，对自己宽容才能高瞻远瞩，才能赢得更为广阔的天地。

宽以待人

春秋时，楚庄王曾大宴群臣，他的宠姬许姬也出席作陪。席间丝竹声响，轻歌曼舞，美酒佳馔，觥筹交错，直到黄昏仍未尽兴。楚王乃命点烛夜宴。忽然一阵疾风吹过，宴席上的蜡烛都熄灭了。这时席上一位官员趁黑暗间去拉许姬的手，拉扯中，许姬撕断衣袖得以挣脱，并且扯下了那人帽子上的缨带。许姬回到楚庄王面前告状，让楚王点亮蜡烛后查看众人的帽缨，以便找出刚才无礼之人。楚庄王听完许姬的话，却传令先不要点燃蜡烛，而是大声说："寡人今日设宴，与诸位务要尽欢而散。现请诸位都去掉帽缨，以尽兴饮酒。"听楚庄王这样说，大家都把帽缨取了下来，这才点上蜡烛，君臣尽兴而散。席散回宫，许姬怪楚庄王不给她出气。楚庄王说："此次君臣宴饮，旨在狂欢尽兴，融洽君臣关系。酒后失态乃人之常情，若要究其责任，加以责罚，岂不大煞风景？"许姬这才明白楚庄王的用意。这就是历史上有名的"绝缨宴"。7年后，楚庄王伐郑，一名战将主动率部下先行开路。这员战将所到之处拼力死战，大败敌军，直杀到郑国国都。战后楚庄王论功行赏，才知这员战将叫唐狡。唐狡表示不要赏赐，坦承7年前宴会上无礼之人就是自己，今日此举全为报7年前不究之恩。楚王大为感叹，便把许姬赐给了他。

楚庄王宽以待人，能原谅下级的过失，自然有人愿意为之卖命。人非圣贤，孰能无过？即便是有人得罪了自己，若能以一颗宽容的心去面对，那么许多矛盾也就迎刃而解了，更不会有什么仇恨和报复，这才是一个人的胸襟和气量。若凡事不肯吃半点亏，睚眦必报，表面上看是维护了自己的利益，实质上是很没风度、小肚鸡肠的一种表现。

林肯总统对政敌素以宽容著称，后来终于引起一位议员的不满，议员说："你不应该试图和那些人交朋友，而应该消灭他们。"林肯微笑着回答："当他们变成我的朋友，难道我不正是在消灭我的敌人吗？"

多一些宽容，公开的对手或许就是我们潜在的朋友，与其花时间去和一个敌人较量，为何不一笑泯恩仇，多结交一个朋友呢？

面对嘲笑有雅量

面对他人的嘲笑，一定要有胸襟，有雅量，这同时也是一种做人智慧。

曾任美国总统的福特在大学里是一名橄榄球运动员，体质非常好，所以他在 62 岁入主白宫时，他的体质仍然非常挺拔结实。当了总统以后，他仍继续滑雪、打高尔夫球和网球，而且擅长这几项运动。

在 1975 年 5 月，他到奥地利访问，当飞机抵达萨尔茨堡，他走下舷梯时，他的皮鞋碰到一个隆起的地方，脚一滑就跌倒在跑道上。他跳了起来，没有受伤，但使他惊奇的是，记者们竟把他这次跌倒当成一项大新闻，大肆渲染起来。在同一天里，他又在丽希丹宫的被雨淋滑了的长梯上滑倒了两次，险些跌下来。随即一个奇妙的传说散播开了：福特总统笨手笨脚，行动不灵敏。

自萨尔茨堡以后，福特每次跌跤或者撞伤头部或者跌倒雪地上，记者们总是添油加醋地把消息向全世界报道。后来，竟然反过来，他不跌跤也变成新闻了。哥伦比亚广播公司曾这样报道说："我一直在等待着总统撞伤头部，或者扭伤胫骨，或者受点轻伤之类的来吸引读者。"记者们如此的渲染似乎想给人形成一种印象：福特总统是个行动笨拙的人。电视节目主持人还在电视中和福特总统开玩笑，喜剧演员切维·蔡斯甚至在"星期六现场直播"节目里模仿总统滑倒和跌跤的动作。

福特的新闻秘书朗·聂森对此提出抗议，他对记者们说："总统是健康而且优雅的，他可以说是我们能记得起的总统中身体最为健壮的一位。"

"我是一个活动家，"福特说，"活动家比任何人都容易跌跤。"

他对别人的玩笑总是一笑了之。1976年3月，他还在华盛顿广播电视记者协会年会上和切维·蔡斯同台表演过。节目开始，蔡斯先出场。当乐队奏起"向总统致敬"的乐曲时，他"绊"了一脚，跌倒在歌舞厅的地板上，从一端滑到另一端，头部撞到讲台上。此时，每个到场的人都捧腹大笑，福特也跟着笑了。

当轮到福特出场时，蔡斯站了起来，佯装被餐桌布缠住了，弄得碟子和银餐具纷纷落地。蔡斯装出要把演讲稿放在乐队指挥台上，可一不留心，稿纸掉了，撒得满地都是。众人哄堂大笑，福特却满不在乎地说道："蔡斯先生，你是个非常、非常滑稽的演员。"

面对嘲笑，最忌讳的做法是勃然大怒，大骂一通，其结果只会让嘲笑之声越来越炽。要让嘲笑自然平息，最好的办法是一笑了之。一个满怀目标的人，不会去考虑别人多余的想法，而是有风度、有气概地接受一切非难与嘲笑。伟大的心灵多是海底之下的暗流，唯有小丑式的人物，才会像一只青蛙一样，整天聒噪不休！

理解是座舒心桥

著名京剧表演艺术家梅兰芳先生是一位通情达理、善解人意的人，因此他受到许多人的尊敬，得到了"白玉无瑕"的美名。

抗战胜利后,在上海一家小报的广告中,出现了一条"艺人梅兰芳卖画"的字样,显然,是有人在冒梅兰芳之名赚钱。对这种恶劣行为,梅兰芳的朋友们都十分气愤,纷纷准备去那家小报兴师问罪,并准备找出那个冒名者,狠狠教训他一通。

梅兰芳却劝阻了他们,他对朋友们说,这个冒名者想赚钱不假,但通过卖画来赚钱,想必也是有点本事的,估计也是个读书人,只不过命运不济罢了。

朋友们从侧面了解了一下冒名者的来历,果然同梅兰芳所预料的一样。无独有偶,西班牙著名画家毕加索也有这样的宽大胸怀。

毕加索对冒充他作品的假画毫不在乎,从不追究,最多只是把伪造的签名除掉。有人不解地问他为什么这样,毕加索说:"作假画的人不是穷画家就是老朋友,我是西班牙人,不能和老朋友为难,穷画家朋友们的日子也不好过。再说,那些鉴定真迹的专家们也要吃饭,那些假画使许多人有饭吃,而我也没有吃亏,为什么要追究呢?"

梅兰芳和毕加索都是伟大的,也都是聪明的,正是他们的理解,才使许多人得以生存。他们没有因为理解、宽容别人而失去什么,反而让人更加敬重他们,何乐而不为呢?

人与人之间最可贵的是站在对方的角度,换位思考。理解是伟大的,它拉近了心与心之间的距离,增进了人与人之间的感情,增进了友谊,避免了无意义的争端。

理解是一座舒心桥,只有理解别人,才能得到别人的理解。理解既给别人带来快乐,也让自己免受烦恼之苦,可谓既利人又利己。

替别人承担误解

生活中我们常常因为自己被别人误解而苦恼，甚至天天为大事小事而向不相信自己或不相干的人解释，把自己搞得很累。人与人有距离，有差距，那么存在误解也就很正常了，其实，有时承担一些无关紧要的误解是最明智的选择。

有一对父子到父亲的朋友家里做客。主人沏好茶，把茶碗放在客人面前的小茶几上，盖上盖儿，当然还带着那甜脆的碰击声。接着，主人又想起了什么，随手把暖瓶往地上一搁，他匆匆进了里屋，而且马上传出开柜门和翻东西的声响。

做客的父子俩待在客厅里。10岁的儿子站在窗户那儿看花。父亲的手指刚刚触到茶碗那细细的把儿，忽然，"叭"的一声，跟着是绝望的碎裂声。

地板上的暖瓶倒了。儿子也吓了一跳，猛地回过头来。事情尽管极简单，但这近乎是一个奇迹：父子俩一点儿也没碰它，的的确确没碰它。而主人把它放在那儿时，虽然有点摇晃，可是并没有马上就倒。

暖瓶的爆炸声把主人从里屋"揪"了出来，他的手里攥着一盒方糖。一进客厅，主人下意识地瞅着热气腾腾的地板，脱口说了声：

"没关系！没关系！"

那位父亲似乎马上要做出什么表示，但他控制住了。

"太对不起了，"他说，"我把它碰倒了。"

"没关系。"主人又一次表示着无所谓。

从主人家出来，儿子问："爸，是你碰的吗？"

"……我离得最近。"父亲说。

"可你没碰！那会儿我刚巧在瞧你玻璃上的影儿。你一动也没动。"

父亲笑了，"那你说怎么办？"

"暖瓶是自己倒的！地板不平。李叔叔放下时就晃，晃来晃去就倒了。爸，你为啥说是你……"

"这，你李叔叔怎么能看见？"

"可以告诉他呀。"

"那样不好，孩子。"父亲说，"还是说我碰的好。这样，既不会伤害你李叔叔的面子，我也不会因难于证明自己而苦恼了。毕竟一只热水瓶值不了几元钱，不是什么大事，何必那么认真呢？"

我们在替别人承担一些误解的同时，也给自己带来了极大的方便。特别是当我们懂得去维护别人的面子时，这种行为是会得到回报的。

没有必要去追究

一位女模特事业有成，举办宴会宴请朋友们。可在宴会上，这位春风得意的小姐突然听到一个朋友正大声宣布一个她曾发誓永远不会告诉别人的秘密："她现在多苗条啊！要是你们两年前看到她是什么样子，那可就妙了。"他对那些屏息静听的人们说："她现在的身材是花了整整一个夏天进行减肥才得到的。"几个人吃吃地笑了，女模特羞愧得无地自容。

宴散后，丈夫为了在他们夫妇俩请的客人面前显示一下慷慨大方的气度，在桌上留下了20美元的小费，可是女模特一把夺过钱，大声嚷道："这饭店的服务并不怎么好！"丈夫只好悻悻离开了。

还有一些喜欢搞恶作剧整人的人——这些人可能是你的朋友、同事或者是爱人——在公共场合，他们会把你突然搂住，然后提起一件你讳莫如深的往事，有恃无恐地出你的丑，或是公开你的隐私，或是阔谈你干过的傻事和闹出的笑话。如果这时你生了气，他就会说："这只是开开玩笑，你太神经过敏，太缺乏气度了。"

这样的经历，大多数人都有过，面对这样的事情我们的确会很尴尬。佛罗里达大学的心理学家巴里·舒兰克却说："完全没有必要去追究一个人的所作所为是否别有用心。"可能的情况是他压根没有意识到你会受到伤害。当你向他指出失礼的言行后，这位呆头呆脑的冒犯者通常会向你致歉。

别花太多的时间为你受到的伤害而烦恼，不要苦思冥想"为什么这人要对我如此恶搞"这类问题。也许有些人是故意使你感到窘迫的，因为他们觉得你对他已造成了威胁，或者是因你曾经做过对不起他的事而想惩罚你；而另一些人是习惯于开这类玩笑的，他们毫不考虑别人是否受到伤害，对于这类人，没有必要去计较他是否是故意的。

能忍者自安

酒、色、财、气，人生四关，我们可以滴酒不沾，可以坐怀不乱，可以不贪钱财，却很难不生气，所以"气"关最难过，而要想过这一关就须学会忍。

忍什么？一要忍气，二要忍辱。气指气愤，辱指屈辱。气愤来自于生活中的不公，屈辱产生于人格上的褒贬。忍气是为了求安，凡事要想得开，看得远，正如俗话所言："忍得一时之气，免得百日之忧。"

在中国人眼里，忍耐是一种美德，是一种成熟的涵养，更是一种以屈求伸的深谋远虑。"吃亏人常在，能忍者自安"，是提倡忍耐的至理箴言。

忍耐是人类适应自然选择和社会竞争的一种方式。

大凡世上的无谓争端多起于芥末小事，一时不能忍，铸成大祸，不仅伤人，而且害己，此乃匹夫之勇。凡事能忍者，不是英雄，至少也是达士；而凡事不能忍者纵然有点愚勇，终归城府太浅，不成大事。人有时太愚，小气不愿咽，大祸接踵来。

人应该为自己的快乐而活着，切莫因别人的失礼而生气。谁都不愿被别人所左右，如动辄生怒，恰恰是自陷于受别人左右的陷坑，不仅左右你面部表情，而且左右了你的心理情绪。这样你最易被人玩弄于股掌之上，"激将法"正是如此。

忍耐并非懦弱，而是于从容之中冷嘲或蔑视对方。

唐代高僧寒山问拾得和尚："今有人侮我，冷笑我，蔑视我，毁我伤我，嫌恶恨我，诡谲欺我，则奈何?"拾得答曰："子但忍受之，依他让他，敬他避他，苦苦耐他，装聋作哑，漠然置之，冷眼观之，看他如何结局?"这种大智大勇的生活艺术，用老子的"不争而善胜，不言而善应"这句话来评论恰如其分。

无论是民族还是个人，生存的时间越长，忍耐的功夫就越深。生活在世上，要成就一番事业，谁都难免经受一段忍辱负重的曲折历程。因此，忍辱几乎是有所作为的必然代价，能不能忍受则是伟人与凡人之间的区别。

"能忍者自安"，忍耐既可明哲保身，又能以屈求伸，因此凡是胸怀大志的人都应该学会忍耐，忍耐，再忍耐。

冷静面对中伤

如何面对有人公开揭露你的隐私，讥讽你的缺点，甚至公然侮辱你的人格？是恼羞成怒，立即反击和辩解；还是保持冷静，不急、不躁、不感情用事，积极采取对策，化凶为吉，转败为胜？

当众受到侮辱或攻击，愤怒是不能解决问题的。由于情绪失控，头脑不清醒，会很难找到摆脱困境的途径。唯一可取的是保持冷静，冷静是一种积极的、由静转动的心理活动过程。

冷静，目的在于使自己能客观地从对方的攻击中寻出其不符合事实、不近情理之处，抓住他的弱点，分析他的目的，然后采取对策，加以揭露，予以反击，使自己从劣势转为优势，转危为安。

奥斯卡金像奖获得者——好莱坞明星保罗·纽曼，从影早期曾拍过一部失败影片，他的家人也不客气地把它评为"一部糟糕的影片"。若干年之后，洛杉矶电视台突然决定重新在一周内连续放映该片，显然是有意在公众面前中伤他。

纽曼对此经过冷静思考后，决定来个异军突起，后发制人。他自费在颇有影响的《洛杉矶时报》上连续一周刊登大幅广告："保罗·纽曼在这一周内每夜向你道歉！"此举轰动全美，大获全胜，他不仅未因此出丑，反而得到绝大多数人的同情、谅解，从而声誉大增，好评如潮，后来他终于获得第 59 届奥斯卡金像奖。

纽曼的胜利取决于冷静、诚实和勇气。在当众受辱之后，既不暴跳如雷，也不萎靡不振，他保持心态的冷静，仔细、认真地分析面临的困境和挑战，找出主攻矛盾，然后奋起反击。公开坦然承认自己过去的失败，不但丝毫不会损害自己的形象，反而使对方陷入被动的境地，暴露出其居心的卑劣。

反击的方法有多种多样。但最重要的是诚实和勇气，敢于当众承认失误的人，人们对他只会产生由衷的尊敬，如果对方再抓住不放，定会受到大众的指责，这时再反击，力量会更大。它不仅可避免受辱，而且会使对方变得极为狼狈。

谁是谁非不重要

人生就像在考试，在不断地做题。

学生常做的作业是选择题、是非题和填充题。

选择题胜在可以选择，即使不知道答案，也可以胡乱选一个碰碰运气。

是非题随便答是或非，也有一半机会答对。

填充题最难，根本无法蒙混过关。

后来又发现选择题开始变得很难。

其实，是非题也不再容易，分清是非对错，并不代表你我成功了一半。

在这世上是非对错到底有什么评判标准呢？是与非的对比或是划分，应该怎么看呢？很多小时候觉得对的东西长大后却开始怀疑它，现在的社会好像也和小时候不一样了，小的时候看东西，对就是对，错就是错，很容易分辨，现在却不明白了。

很多时候，一件事情本身的是是非非其实并不重要，重要的是我们所要达到的目的。顾客和售货员为谁应负责任争得脸红脖子粗，走了冤枉路的乘客和司机为谁没说清楚而大动干戈，事情越闹越大，该退的货没退成，该节约的时间没节约，双方都憋了一肚子的气，何苦呢？有人说，我就要争这个理儿。是，争下一个"理"，的确有一种胜利的感觉，但你想没想到过这个理的代价呢？

反而是不争辩，放弃无谓的辩解，很可能带给你意想不到的结果。下面这个故事便是个很好的例子。

"您好，"小李对老总说，"昨天我交给您的文件签了吗？"老板想了想，然后翻箱倒柜地在办公室里折腾了一番，最后他耸了耸肩，摊开两手无奈地说："对不起，我从未见过你的文件。"如果是刚从学校毕业时的小李，他会义正词严地说："我看到您的秘书将文件摆在桌子上，您可能将它卷进废纸篓了！"可他现在不会这样说，他要的是老总的签字。于是他平静地说："那好吧，我回去找找那份文件。"于是，小李下楼回到自己办公室，把电脑中的文件重新调出再次打印，当他再把文件放到老总面前时，老总连看都没看就签了字。这就是小李在与上司发生冲突时的解决方式。

聪明的人会大智若愚，谁是谁非不重要。好汉不吃眼前亏，针尖对麦芒在某些场合是一种耿直与正义的表现，生活中却不可取，不去判断对错是非，糊涂一下，忍耐一下往往是我们处世的一剂良方。

懂得谦让

森林中有一条河，河上有一座独木桥，窄得每次只能容一人通过。

某日，东山上的羊想到西山上去采草莓，而西山的羊想到东山上去采橡果，结果两只羊同时上了桥，到了桥中心，彼此碰到了，谁也走不过去。

东山的羊见僵持的时间已很长了，而西山的羊照样没有退让的意思，便冷冷地说道："喂，你长眼了没有，没见我要去西山吗？"

"我看是你自己没长眼吧，要不，怎么会挡我的道？"西山的羊反唇相讥。

于是，两只互不相让的羊开始了一场决斗。

"咔"，这是两只羊的犄角相碰撞后的声音。

"扑通"，这是两只羊失足，同时落入河水中的声音。

森林里安静下来，两只羊跌入河心以后淹死了，尸体很快就被河水冲走了。

在这个时候，狭路相逢退者胜。退，不是怯懦，而是一种智慧。因为懂得谦让的人，其实是为自己让路。而故事中的两只羊因争强好胜，互不相让，为逞一时之勇，最终却落个双输的下场。

其实，这样的悲剧本来是可以避免的，只要有一只羊后退到桥头，等另一只过去后再上桥，两只羊便都会平安无事了。可悲的是，山羊们没这样想，更没这样去做，它们心胸狭窄，不懂得宽容和忍让，最终都葬身河底。

在此，你也许会认为谦让是一种怯懦，对此不屑一顾，如真如此，那你就应重新审视自己了。你可以擦亮眼睛看看周围，那些争强好胜者，他们不会因"争"而事事顺利，相反，"争"会让他们处处碰壁。而不懂得谦让所带来的恶果，有时是当事者自己都难以预料的，当这一恶果发生时，他们就只能在上帝那里忏悔了。

在工作岗位上工作，要学会谦让，把功劳让给同事，并懂得与他们一起合作；把荣誉归于上司，表示自己对他的尊重和对他栽培自己的感激。

当然，我们并不主张你凡事皆"谦让"，因为谦让虽然是一种崇高的美德，但凡事皆谦让会塑造出一种退缩怯懦的性格。缺乏与人正面交锋的勇气，虽然可以保全自己，但也会丧失很多机会。因此，谦让也要讲原则，它是一种手段与方法，而不是目的与结果。

当你学会理性地谦让时，在人生之路上你就能进退自如。

与人为善

一天，一个中年妇女见自己家门口站着 3 位老人，便上前对老人们说："你们一定饿了，请进屋吃点东西吧！"

"我们不能一起进屋。"老人们说。

"为什么?"中年妇女不解。

一位老人指着同伴说:"他叫成功,他叫财富,我叫善良。你现在进屋和家人商量一下,看看需要我们当中哪一位?"

中年妇女进屋和家人商量后决定把善良请进屋。她出来对老人们说:"善良老人,请到我家来做客吧。"

善良老人起身向屋里走去,另两位叫成功和财富的老人也跟进来了。

中年妇女感到奇怪,问成功和财富:"你们怎么也进来了?"

"善良是我们的兄长,兄长在,我们也必须在,因为哪里有善良,哪里就有成功和财富。"老人们回答说。

也许你会说:"善良真的如此重要吗?"

是的,善良的确很重要。

善良是伦理道德范畴中最基本的概念,这一概念的具体体现就是善行,就是善举,就是对社会、对他人做一些符合道德要求的、具有有益结果的事情。

因此,在生活中要学会行善。一个社会中的善行越多,那么,这个社会的道德风尚就越高,人际关系就越融洽,社会的凝聚力、亲和力就越强,这个社会就会越稳定,而社会上的罪恶就会减少。

不过,要真正学会行善不是一件容易的事,需要我们现实生活中多注意提高修养,历练人格,增进学识,陶冶情操。那些真正的行善者都是真诚的、道德品质高尚的人。这些行善者的心是宽容的,他们待人厚道,心灵质朴,因此,常能获得人们真正的友爱。

做人,从小就要有一颗善良的心。有了善良的心,你就会受到生活的眷顾;有了善良的心,你的思想也就纯洁无污,就不会做出奸诈险恶的事情,也不会受到外界的诱惑。

善良者最快乐,最幸福,最富有。那些播种善良的人,终究会收获好的声望、好的荣誉。

袒露真诚的心灵

森林里住着一个穷樵夫，为了维持生计，他非常卖力地劳动着。有一天，他在河边砍一棵大橡树时被一条多瘤的老树根绊倒了，使他的斧头沿着河岸滑入河里，他没来得及将它抓住。

可怜的樵夫凝视着河流，试着望入河底，但是河水太深了。河流如往常一样快乐地流着。"我该怎么办？"樵夫哭着说。

就在他说完这话时，一个美丽的女人从水里冒出来。她是那条河流里的水仙子，她听到樵夫悲伤的声音，于是来到了岸边。

"你为什么伤心？"她仁慈地问。樵夫把他的烦恼告诉她，她立即沉入水里，过了一会儿便带着一把银斧头重新出现了。

"这是你失去的斧头吗？"她问。

樵夫想到他可以用这把银斧头为他的孩子买许多好东西，但是那把斧头不是他的，因此他摇摇头，回答："我的斧头只是一把铜制的斧头。"

水仙子将银斧头放在岸上，然后又沉入水里。过了一会儿，她又出现了，并且拿另一把斧头给樵夫看，"或许这是你的斧头？"她问。

樵夫看了一下，"啊，不！""这把斧头是黄金做的，它比我的斧头贵多了！"

水仙子将金斧头放在岸上，并且再一次沉入水里。当她又出现时，她手里握着那把樵夫失去的斧头。

"这是我的，"樵夫大叫，"这的确是我的旧斧头！"

水仙子说："这是你的斧头，但是现在，其他两把斧头也是你的，它们是河流送给你的礼物，因为你的诚实。"

那一天傍晚，樵夫扛着这3把斧头回家。他愉快地吹着口哨，他可以为他的家人买许多好东西了。

樵夫以他的诚实和执着，得到了生活的馈赠。也许我们也曾遇到过"斧头"的故事，可是我们能否真诚和坦然地面对？

要做到诚实，就要淡泊金钱名誉等充满诱惑力的东西。如果对这些东西孜孜以求，就会泯灭良心。不诚实，就会变成不被人相信的人。而诚实则不但能使我们求得良心的安稳，也能帮助我们获得别人的信任，取得事业的成功。

在现实生活中，我们所面临的环境可能会十分复杂，面对的诱惑可能会多种多样，但这并不能妨碍我们袒露真诚的心灵。人可以穷困潦倒，但绝不能志短。樵夫因自己的坦诚无欺而得到了好的回报。因此，一个人从小就应该说话诚实，做事诚实，要清醒地挣脱各种利益的引诱和束缚，真正做到不是自己的东西，再好也不能拿。有本事，要靠自己的双手去创造财富，这样用起来才问心无愧。

宁静在心

有一个小和尚，每次坐禅时都觉得有一只大蜘蛛在他眼前织网，无论怎么赶都不走，他只好求助于师父。师父就让他坐禅时拿一支笔，等蜘蛛来了就在它身上画个记号。小和尚照师父的交代去做，当蜘蛛来时，他就在它身上画个圆圈，蜘蛛走后，他便安然入定了。当小和尚做完功一看，却发现那个圆圈在自己的肚子上。原来困扰小和尚的不是蜘蛛，而是他自己，蜘蛛就在他心里，因为他心不静，所以才感到难以入定，正像佛家所说："心地不空，不空所以不灵。"

宁静是一种心态，是生命盛开的鲜花。宁静在心，在于修身养性。宁静无处不在。只要有一颗宁静之心，便能心胸开阔，不受诱惑，坦荡自然。

其实，宁静是福，生活在喧嚣吵闹的都市中的人们，可能更懂得平静的弥足珍贵。与宁静的生活相比，追逐名利的生活是多么不值得一提。宁静的生活是在真理的海洋中，在激流波涛之下，不受风暴的侵扰，保持永恒的安宁。

心灵的宁静来自于长期、耐心的自我控制。心灵的安宁意味着一种成熟的经历以及对事物规律的不同寻常的了解。

许多人整日被自己的欲望所驱使，好像胸中燃烧着熊熊烈火一样。一旦受到挫折，一旦得不到满足，便好似掉入寒冷的冰窖中一般。生命如此大喜大悲，哪里有宁静可言？人们因为毫无节制的欲望而狂热、骚动不安，因为不加控制欲望而焦头烂额。只有明智之人，才能够控制和引导自己的思想与行为，才能够控制心灵所经受的风风雨雨。

是的，环境影响心态。快节奏的生活，无节制的对环境的污染和破坏，以及令人难以承受的噪声，等等，都让人难以宁静。环境的搅拌机随时都可以把人们心中的宁静撕个粉碎，让人遭受浮躁、烦恼之苦。然而，生命本身是宁静的，只有内心不为外物所惑，不为环境所扰，才能做到像陶渊明那样身在闹市而无车马之喧的境界。

生活需要从容

有一位划船教练在集训的时候经常提醒队员说："要想赢，就得慢慢地划桨。也就是说，划桨的速度太快的话，会破坏船行的节拍，一旦搅乱节拍，要再度恢复正确的速度就相当困难了。欲速则不达，这是千古不变的法则。"

划船如此，工作和生活也是这样，都必须以正确而从容的步伐前进，这样心灵及灵魂才能获得平和的力量，以稳定和谐的神智指导神经及肌肉从事工作，如此一来，胜利也终将属于你。

那么究竟应该如何实践这个理论呢？那就是你每天必须持之以恒地实行维持健康的步骤，无论是洗澡、刷牙、运动，都要以平和的心态完成。另外，不妨抽一些空闲的时间从事洗净心灵的活动，譬如静坐，这是相当好的洁净心智的做法，一有时间就安坐一旁，舒放你的心灵，让你的眼睛自由自在地飞向四方，想想曾经欣赏过的高山峻岭、鲤鱼跳跃的河流、月光倒映的水面……咀嚼复咀嚼，你的心就会舒坦地沉醉其中。

每天做一次遐想，尤其是在繁忙的时刻，停下手边的工作，平和地神游 10 分钟，让全身的神经及肌肉松弛下来，你的心就会得到平静。

人难免会有生活节奏被搅乱的时候，当心中充满焦虑紧张、不知所措时，最好的办法就是完全停止一切活动，把时间和空间留给心灵！

第十三章

活出人生真境界

　　生命是有限的，而精彩是无限的。当我们为生活所役，为抉择所累的时候，应该想想自己有没有用心去感受生活。不要忽视生活中的点点滴滴，不要被生活的表面现象所迷惑。用心生活，你就会发现人生之绚美。

在行走中顿悟

一辆公交车在路上行驶，但到中途抛锚了，乘客们只好纷纷下来步行。他们怨声载道，骂声迭迭，唯有一位鹤发童颜的老人心平气和，神态自若！别的乘客低着头匆匆地赶往目的地，就是其中的青年人也毫无生气和活力。而老人却正相反，信步而行，意趣盎然，偶尔抬头看看蓝天白云，竟有一番仙风道骨。

老人的"另类"行为感染了匆匆的人群。为什么别人都行色匆匆，而只有老人气定神闲？

生活中，我们习惯了拖着长长尾气的汽车，预先设置好轨道的火车，抑或是飞机，抑或是轮船，最差也是那充满杂技风情的自行车，但我们却忘记了行走。我们习惯于车马，却在失去依赖之时陷入了迷惘，我们不知道怎样结束现在的迷惘，找到来时的路。

因为我们维持着习惯，就像戴着沉重的枷锁，时间长了，竟不觉得它是重的，反而还很惬意。

其实，生命的节奏就像河流的奔涌，有急有缓，既有"星垂平野阔，月涌大江流"的舒缓从容，又有"乱石穿空，惊涛拍岸，卷起千堆雪"的激烈紧迫。一张一弛，生活之道也。哪能一味地急迫，一味地闲游？一味地急迫，生命就显得狭窄了；一味地闲游，生命就显得虚无。只有急缓相当，张弛有度，方为人生大境界。

当我们低头匆匆而行的时候，我们不但在心底种下了怨懑的种子，还忽略了沿途风光秀美的景色。春花的蓬勃灿烂，夏雨的专注猛烈，秋月的寂寥淡远，冬雪的晶莹无瑕，小溪的吟唱，蟋蟀的弹奏，鸟儿的放歌……一切都与我们擦肩而过，失之交臂。那么，我们生活的目的还有什么？

当我们静下心来，放慢脚步，会发现周围的景色原来这么美。这就是我们天天经过，天天略过的路途吗？几年如一日，怎么竟未发现过？

我们的心里涌起莫大的悲哀，于是开始细细地欣赏，美美地体味起来。

也许我们放弃了舟马，却收获了滋润的心灵；疲惫了身体，却点燃了追寻的激情。我们背负着五彩的梦想，出发在不知终点的行程。

也许，我们不需要绿茶红茶的亲近，只求在大漠深处绝望边缘来一口甘泉。我们是满足的，心里有无穷无尽的快意，相映着夕阳的晚空，大吼一声，让天上的飞鹰也感受到我的快乐。

行走着，观察着，领悟着。

行走着，装一颗探求的心灵，携一份悠闲淡泊的神思，看一看人间的百态，品一品世间的甜苦，闻一闻鸟鸣虫嘶，嗅一嗅芳草鲜花，不做高深的评论，只需用心去感触，去领悟。行走的意义，全在于不停地感知外物和充实内心。

在行走中顿悟，包含了一个求真求我的大世界。

给予的快乐

人的一生都无法避免困难和问题。物质上需要帮助、支持；精神上需要理解、鼓励；兴趣上需要满足、发挥……如果我们能想他人之所想，急他人之所急，及时给他人以物质和精神的帮助和安慰，在他人心里就会产生巨大的震撼力，而于自己，则减掉了许多原来扔也扔不掉的精神负担。

给予即是爱；占有、获取并不是爱的本质。只有心甘情愿的付出、尽心竭力的奉献、不需偿还的给予，或者为他人献出一切，才是爱。"只要人人都献出一点爱，世界将变成美好的人间。"只要自己先献出一点爱，生活就会增添一份光彩，只要每一个人都能献出一点爱，那么整个社会将会因此而更加温馨与幸福！

给予的方式并不相同：有有条件的，有无条件的；有有限的，有无限的；有忘我的，有为我的；有精神的，有物质的。在物质给予的：有等价的，有不等价的；有先给后取的，有先取后予的。精神的东西，理解与鼓励；物质的东西，互相馈赠。古希腊哲学家伯利克说过："我们结交朋友的方法，是给他以好处。当我们真的给他人以恩惠时，我们不是因为得失而这样做，乃是由于我们慷慨才这样做，不会后悔的。"

总而言之，一个并不准备承担付出的人，最终得到的是痛苦和孤独。朋友间的幸福快乐，更多地存在于慷慨地给予之中。因为"不行春风，难得秋雨"！

不但乐于给予他人，也要善于给予。你能够给予他人和社会的东西太多了。为别人奉献自己，牺牲时间，也是一种给予；为别人的幸运和成功而庆幸，也是一种给予；能从别人的观点看事物，容许别人有自己的意见和特色，也是一种给予；谨慎——避免鲁莽的言行，耐心——倾听别人的倾诉，同情——分担别人的悲痛等，都是一种给予。

某年，日本横滨暴发疫情，医生和护士忙得应接不暇。该市某俱乐部的若干会员决定助他们一臂之力。他们都是上了年纪的富人，如果捐出一大笔钱来，实在易如反掌。但是，他们没有那样做，而是穿上白制服，为医院刷地，替病人洗澡，侍候病人，安慰垂危的病人和死者的家属。疲劳和传染都没能挫伤他们的热情与热心，他们给予的不是钱，而是自己的力。

他们从中体会到了金钱无法给予他们的快乐。

掌握生活的节奏

　　村里有一位善骑的、箭法好的猎人。一次，他看到一件有趣的事情。那一天，他偶然发现村里一位十分严肃的老人与一只小鸡在说话游戏。猎人好生奇怪，为什么一个生活严谨、不苟言笑的人会在没人时像一个小孩那样快乐呢？

　　他带着疑问去问老人，老人说："你为什么不把弓带在身边，并且时刻把弦扣上？"猎人说："天天把弦扣上，那么弦就失去弹性了。"老人便说："我和小鸡游戏，理由也如是。"

　　生活也一样，每天总有干不完的事。但是，你有没有仔细想过，如果天天为工作疲于奔命，最终那些让我们焦头烂额的事情就会超过我们所能承受的极限。

　　尤其是在当今社会，生活节奏不断加快，"时间"似乎对每个人都不再留情面。于是，超负荷的工作给人造成不可避免的疾患。

　　因为人们的生活起居没了规律，所以患职业病、情绪不稳、心理失衡甚至猝死等一系列情况时有发生，给人们生活、工作及心理造成无形的压力。

　　据有关统计，在美国，有一半成年人的死因与压力有关；企业每年因压力遭受的损失达 1500 亿美元——员工缺勤及工作心不在焉而导致效率低下。

　　在挪威，每年用于职业病治疗的费用达国民生产总值的 10%。

　　在英国，每年由于压力造成 1.8 亿个劳动日的损失，企业中 60% 的缺勤是由于与压力相关的不适引起的。

这时，需要我们换一种心情，轻松一下，学会放下工作，试着做一些其他的运动，以偷得片刻休闲，消去心中烦闷。记得有一位网球运动员，每次比赛前别人都去睡觉，睡够以后好去练球，他却一个人去打篮球。有人问他，为什么你不练网球？他说，打篮球我没有丝毫压力，觉得十分愉快。对于他来说，换一种心态，换一种运动方式，就是最好的休闲。

千万别说自己没时间，我们都有时间，并且能够尝试改变自己。当你下班赶着回家做家务时，你不妨提前一站下车，花半小时慢慢步行，到公园里走走。或者什么都不做，什么也不想，就是看看身边的景色，放松一下自己的心情，肯定会有意想不到的效果。

游历名山大川并不是每个人都能办到的，但给自己一个空间，学会忙里偷闲，作片刻休息，则人人都能做到。

人生之乐在平易

国际资本大鳄巴菲特先生，接受某杂志的采访。巴菲特穿着卡其布的裤子、夹克，系着一条领带。"我专门为此打扮了一番的。"他有点羞怯地笑着说。

巴菲特的女儿苏珊这样评价他："有一天，我和妈妈去商场，说：'咱们给他买一套新西服吧……他穿了30年的那套衣服我们都看烦了。'所以，我们就给他买了一件驼绒的运动夹克，一件蓝色的运动夹克，仅仅是为了让他有两件新衣服。但是，他让我把衣服退掉。他说：'我有一件驼绒的运动夹克和一件蓝色运动夹克了。'他说话的语气非常严肃，我不得不把衣服退掉。最后，我拿起一套衣服就出去了，他不知道。我甚至连衣服上面的价格标签都没看一眼。我在寻找一些穿着舒适且看起来样式有些保守的衣服。如果衣服的样式不是极端的保守，他是不会穿的。"

苏珊补充说："他不把衣服穿到非常破旧是不肯换的。"

当然，实际上没有人会在意，巴菲特工作时是穿着晚礼服还是游泳衣。

偶尔，巴菲特也会买一套西服，衣服的某些地方介于成衣和专门订制的衣服之间，因为他的衣服需要稍微地改动一下才合身。

一位伯克希尔公司的股东说，有一次，他和为巴菲特做衣服的一位裁缝聊起来，问他为什么巴菲特的西服穿起来总是显得有些不合身。这位奥马哈的裁缝回答说："他是世界上最不好量体裁衣的人。主要是因为他的臀部不够丰满。"

巴菲特的低预算风格是尽人皆知的。《华盛顿邮报》的凯瑟琳曾经这样说起她的商业老师：

"他这个人非常的节俭。有一次在一家机场，我向他借1角硬币打个电话。他为把25美分的硬币换成零钱走出了好远。'沃伦，'我大声叫道，'25美分的硬币也行呀！'他有点羞怯地把钱递给了我。"

巴菲特总是自己开车；衣服总是穿破为止；最喜欢的运动不是高尔夫，而是桥牌；最喜欢吃的食品不是鱼子酱，而是玉米花；最喜欢喝的不是XO之类的名酒，而是百事可乐。

看到这个地球人都知道的富翁过着和平常人一样的生活，我们普通的老百姓又有什么不知足的呢？

人生变化无常，只知奋斗不知享受生活的人其实很可怜，而为了一些身外之物弄得连命都丢了的人则更可悲。执着虽是一种很好的品德，但执着于执着，则绝对是一种人生大不智。

也许你是一个大忙人，为了获得更多的财富，你劳碌奔波，苦心经营，风餐露宿，历尽艰辛。纵然你财运亨通，但你也已筋疲力尽，耗费了许多精神。

其实，人生之乐，不在于高官厚禄，不在于香车宝马，不在于娇妻美子，不在于锦衣玉食，而在于平淡中的真实，真实中的平淡。

顿悟就是一个新的开始

对于顿悟，闻者甚多，智者不多，悟者更是寥寥无几。

即使是一个禅者，经过数十年的修行，也往往无法真正了解到其中的奥妙。

不过，如果能够换一个角度来思考的话，我们对于顿悟，也许就会有新的认识了。

小毛生活在旧社会的上海滩，是一个无依无靠的流浪儿，每天都走过几条街道去乞讨，但自如至终，他都弄不清楚这些街道外面的地方究竟是怎样的？也不知道这些街道之间有什么联系？

有一天，他在马路边乞讨的时候，突然有一个路人送给他一样东西。

说起来，这样东西用在一个小乞丐身上颇有些奇怪，那就是一张地图。

也许是这个路人正好身上无钱，只有这张地图，又或者他觉得一个乞丐也需要一张地图，才能找到游人最多的街道，乞讨到更多的钱。

反正不管什么原因，他将这张地图放在了小毛的饭碗里。

正当饥肠辘辘的小毛准备发脾气时，他突然从这张薄纸片中，发现了一件奇异的事情。

原来他发现了自己乞讨的地点在地图上的位置。

一瞬间，他看到整个城市的全景。

哦，原来在我的左边，在一条狭窄的小巷子后面，还有一条宽阔的街道，那里居然还有一个大型的市场。而在我的身后，只要再走上半个钟头的路程，就可以走到大教堂，那里经常派发免费的食物，自己一直想找到那里，但总未能如愿。现在总算知道了。

就从这时候开始，通过这张小小的地图，他一下子明白了自己所走的每一步，以及前后左右所处的方位，生活也变得更轻松容易了。

顿悟其实也是如此。

就像这个故事中的小毛那样，我们大多数人其实都生活在一种盲目之中，都不知道自己的心灵究竟是怎样的，只是依靠着本能和充满了欲望与矛盾的自我来摸索着人生的下一步。

如果有一天，我们能够找到一张心灵的完整地图，知道了此时此刻的行为究竟意味着什么，那么，相信对于人生就会有更深入、更完整的认识了。

这就是顿悟。

也就是说，了解到生命的整体与全面，而再也不是某一个局部与片断。

当看见了烦恼的根源就是那个不真实的虚妄之我时，我们就能进一步透过这层云雾，看见心的本来面目。

对于种种烦恼以及生活压力，同样如此，顿悟了你就能化解它们，顿悟了你就迎来了新的开始。

因为有你而精彩

一个伟大的科学家，为了让全世界的人像爱因斯坦一样伟大和优秀，便发明了一种神奇的药物，让全世界所有的人都吃了下去。果然，这药物具有神奇的效应。当全世界的人吃下去之后，一个个变得就像是爱因斯坦一样，具有丰富的创造力，也像爱因斯坦一样为了改变人类的现状而在废寝忘食地做试验和工作。

看到这一切，这位伟大的科学家为自己所做的感到十分的欣慰和自豪。

然而，好景不长，出现的一些问题让这位科学家感到头痛了。由于所有的人都像爱因斯坦一样只是在为了改变人类的现状而去工作。其他的一些工作便没有人干了。整个世界停水、停电、街道上到处都是垃圾。连原有经常能够听到的欢笑声都没有了。整个地球变得死气沉沉，一点活力都没有。

彩虹因为有七种不同的颜色才美丽，春天因为有百花盛开才显得春意盎然。在这个世界上正是因为有形形色色的人才充满了生机，才那样的精彩。每个人都是这个世界上一道亮丽的风景，你不需要应该成为谁，你就是你，活好你自己，让你更精彩。

散文人生

有人说，人生就像一首诗，朦胧深邃，单纯凝练，充满跳跃和偶然，但人生更像一篇充满诗情的散文，因为它有着无数张力的语义点，有着开放宽容的境界，有制约全篇意蕴的"潜结构"，观照它也就体验着人生之美了。此样的人生，犹如浓缩的历时画卷，可以让人感受着生活，感受着生命，感受着人生的春夏秋冬。

人生可以接通天地，融贯古今。历史有时就凝于一瞬，如《马背上的拿破仑》，这一瞬不就是人生的辉煌吗！四季样的人生，才会色彩斑斓，才会绚丽多姿。春的盎然，夏的热烈，秋的繁茂，冬的凋零。既有秋天里的春天，又有冬天里的夏日。人生之美令我们无限趋近，精卫填海，普罗米修斯受难，西西弗斯滚石上山，夸父逐日……这人生不竭的追求不就是此岸之美的"潜结构"吗？它如散文的神韵，如论文的气势，它体现着一种心态：我们不可能永葆青春，却可拥有青春的境界，这才是审美的人生观。

好散文是要大手笔来写的。情寄八荒之表，抚四海于须臾，天马行空，纵横捭阖，汪洋恣肆，如孔子的沐风咏而归，孟子养浩然之气，庄子鹏程九万里，那是怎样傲然壮阔的人生，那是诗的人生，更是散文的人生。可旷达，可傲岸，可真性情，可独立不倚，可行吟汨罗，可金刚怒目，可长啸竹林；可烟雨浩渺，可樱桃芭蕉，可含情脉脉，可炊烟袅袅，可不同心态的共时呈现，可融人生的诸种体验，这不就是散文的境界吗？这不就是浓缩了的生命的展示吗？

散文的人生犹如四季自然的更替，可悲欢离合，可甜酸苦辣，可独白，可对话，可承受生命之重，可体验人生之本真。四季样的人生，才可展示岁月的风采、时代的变迁，生命的花才会美丽。四季如春，固然美妙，可那样的人生不单调吗？失去了想象力的生活就丧失了审美，又怎能体验到春的喜悦！四季样的人生就会有各自的节奏，各自的主旋律，这样的人生才会奏出自由、美妙的乐章，唯此散文的人生才会于发展中寻求彼此的共振默契。

散文的人生不只有湖的平静，也有海的汹涌；不止有美，也有力！四季样的人生就要有四季的色彩，不唯历时顺延而是共时展现。少年不识愁滋味，却可悲秋，中流击水，以"浪遏飞舟"的青春谱写明丽的诗篇，闲庭信步，运筹帷幄的睿智、闲适，亦可抒童稚之趣。

四季样的人生，才是散文的人生，才会有自然的纯，生命的真，诗意的审美！

人生散文，散文人生！

用孩子的眼光看世界

假期里，一位富翁父亲带着儿子去农村体验生活，他想让从小锦衣玉食的儿子知道什么是穷人的生活。

他们在一家最穷的人家里待了两天。

回来后，父亲问儿子："旅行怎么样？""好极了！""这回你知道穷人是怎么过日子的了？""是的！""有何感想？"

儿子兴致勃勃地说："真是棒极了，他们一家人真富有啊！咱家只有一只猫，我发现他们家里却有三只猫；咱家仅有一个小游泳池，可他们竟有一个大水库。我们的花园里只有几盏灯，可他们却有满天的星星；还有，我们的院子只有前院那么一点草地，可他们的院子周围全是大片大片的草地，还有好多好多的牛羊鸡鸭，瓜果蔬菜！"

儿子说完，父亲哑口无言。

接着儿子又说道："感谢父亲让我明白了我们有多么贫穷！"

孩子的世界是最宽广美丽的世界，他们眼中的世界永远是春光明媚，鸟语花香的。用孩子的眼光去看世界，贫穷与富有的界限不再那么分明，快乐与悲伤的分明也不再那么明确，用孩子的眼光看世界，哪里还会有那么多的不如意呢？小小的惊喜可以被他们扩大成千百倍的快乐。难道不值得我们学习吗？

生活不能没有幽默

如果说生活是一幅油画，那么，幽默则是油画中最浓重最扎眼的一笔。

幽默是人天生的根性，这种机敏、愉快、慈和的根性是基于惨淡的经历和乐观的观念而产生的。

幽默是一种潇洒的智慧，是一种深邃的情致，是一种博大的精神，是一种生存的艺术，也是一种讨人喜欢的风度。

当你与初恋女友约会时，幽默的语言、真挚的情怀、潇洒的举止、翩翩的风度，一定能让女孩子的俏脸上绽放出灿烂、幸福的笑意。

假如你以幽默的妙语、轻松的言辞去阐述自己的观点和看法，那么你肯定会迎来友善的笑脸和拥戴的掌声。

如果你以幽默、风趣的谈吐应对棘手的对手，你的风度和魅力定会让僵局瞬间柳暗花明、峰回路转。

人生在世，谁不希望拥有一个轻松的环境和愉悦的心情？无论是社会、家庭、夫妻间、亲朋好友间，都是如此。幽默能使人生获得轻松的环境，而欢快的笑声也能化解所有的烦忧和苦恼。

幽默是微笑的艺术。它通过微笑的智慧的火花，表现出对人的精神、情感、价值的肯定；它使人们始终保持对未来生活的无限憧憬和热烈激情；始终保持对现实生活的坦然自若和从容不迫。

幽默的人应该是既有智慧又有童心，既能直面人生又能反思自省的积极向上的人。接受幽默，学会幽默，发散幽默，从而创造我们的生活情趣，升华我们的思想境界。尽可能提高我们的生活质量，这是幽默的价值所在。

多一点幽默感，将会使你觉得生活乐趣无穷。当然了，幽默并不等于笑话，一个油嘴滑舌、喜欢说笑的人并不一定有幽默感。相反，一个性格拘谨的人如果遇事豁达，则必定有不少幽默细胞。

人生中有很多不开心、不如意，能够有点幽默感，我们的快乐也就多一点，日子也会好过很多！

幸福就在身边

有个人不知什么是幸福，他发誓要寻找到幸福。他先从知识里寻找，得到的是幻灭；从旅行里找，得到的是疲劳；从财富里找，得到的只是争斗和忧愁；从写作中找，得到的只是劳累。

难道知识、旅行、写作与幸福快乐绝缘吗？显然不是。

在火车站里，他看到一位中年男子走下列车后，径直来到一辆汽车旁，先吻了一下车内的妻子，又轻轻地吻了一下妻子怀中熟睡的婴儿——生怕把他惊醒。然后，一家人就开车离开了。

他由此感慨道：生活的每一个正常活动都带有某种幸福的成分。

对于某个人来讲，你可能是幸福的、满足的，也可能是不幸福的。

人生的目的是幸福。幸福大多是主观的，它原本就深植于人们心中，在生存需求的满足中，因而，幸福无所不在。

你若渴了，水便是天堂；你若累了，床便是天堂；你若失败了，成功便是天堂；你若是痛苦了，幸福便是天堂。总之，若没有其中一样，你断然不会拥有另一样的。天堂是地狱的终极，地狱是天堂的走廊。当你手中捧着一把沙子时，不要丢弃它们，因为金子就在其间蕴藏。幸福就是既能把自己的工作做好，又能拥有轻松的休憩时刻。

幸福是拥有一些熟悉、不需客套的朋友，能够相互分担、分享彼此的烦恼、快乐，尽管观点有所差异，却永远相互尊重。

幸福是拥有一个舒适的工作间：书架上列满了各式各样自己所喜欢、对自己有助益、启发的书，笔筒里都是自己所珍爱的文具，四周有绿色植物芳馨围绕，还有一把坐再久都能觉得舒适的座椅。

幸福是自己感觉到每天在人生的各个方面都有所成长，享有一种更具创造性的生活。

幸福是与过去和睦相处，将目光对准现在，对未来保持乐观。

亲近自然

某地有个远近闻名的长寿村，那里环境幽美，树木茂盛，空气清新，泉水甘甜。据说，在这个小村庄，百岁以上的老人就有 50 多人，下地干活的八旬老翁屡见不鲜。

后来有位健康专家到那里做了深入调查后，得出的结论是：这儿之所以生病的人少，长寿的人多，全都是大自然的恩赐。

大自然是造物主赐给人类的最高享受，谁能与大自然亲近，谁就能拥有健康。所以，我们希望你能把休闲的地点更多地放在大自然里，而不是咖啡厅或其他聚会场所。

中国古代大诗人杜甫，他一生热爱大自然，把大自然当作最好的医生。他曾经写过这样的一首诗："清江一曲抱村流，长夏江村事事幽。自去自来梁上燕，相亲相近水中鸥。老妻画纸为棋局，稚子敲针作钓钩。多病所需唯药物，微躯此外更何求。"

这首诗的大意是：人有了病之后，不要精神不振，更不要失去生活的信心，自寻烦恼。要多去环境幽静的地方散心解闷，看一看自由自在的飞燕，相亲相爱的鸥鸟，寻找生活中的乐趣，这样便可心悦而减少疾病。另外，要治病，除了吃药外，还可以下棋以怡心，钓鱼而抒怀。

如果你把自己融入大自然中，大自然就会敞开心胸，把日月星辰、山山水水、花草树木、飞禽走兽、空气海洋无私地赐给你，就看你会不会热爱它，会不会利用它。如果你热爱它、亲近它，就能与其和谐相处，并会拥有万贯金钱也买不到的健康。